U0331339

数学软件与数学实验

杨杰 赵晓晖 编著

清华大学出版社
北京

内 容 简 介

本书以 MATLAB R2010b 为基础,系统介绍了 MATLAB 在数值计算、符号运算和图形绘制等方面的使用方法及在数学实验中的应用,每章都配备了大量的实验和习题。

本书实例丰富、通俗易懂,所有例题程序可靠、完整,读者可以按照例题的操作步骤准确地重现书中提供的算例结果。

本书可作为高等学校大学数学系列课程的教材,也可作为本科生、研究生数学建模培训教材或参考书,还可作为从事数学应用以及有关学科科学研究人员的参考书。

本书封面贴有清华大学出版社防伪标签,无标签者不得销售。

版权所有,侵权必究。举报:010-62782989,beiqinquan@tup.tsinghua.edu.cn。

图书在版编目(CIP)数据

数学软件与数学实验/杨杰,赵晓晖编著 . —北京:清华大学出版社,2011.8 (2023.9重印)
ISBN 978-7-302-26028-8

Ⅰ. ①数… Ⅱ. ①杨… ②赵… Ⅲ. ①数值计算—应用软件—高等学校—教材 ②高等数学—实验—高等学校—教材 Ⅳ. ①O245 ②O13-33

中国版本图书馆 CIP 数据核字(2011)第 131460 号

责任编辑:田在儒
责任校对:刘 静
责任印制:曹婉颖

出版发行:清华大学出版社
　　　网　　　址:http://www.tup.com.cn, http://www.wqbook.com
　　　地　　　址:北京清华大学学研大厦 A 座　　　　邮　　编:100084
　　　社 总 机:010-83470000　　　　　　　　　　　邮　　购:010-62786544
　　　投稿与读者服务:010-62776969, c-service@tup.tsinghua.edu.cn
　　　质量反馈:010-62772015, zhiliang@tup.tsinghua.edu.cn
印 装 者:三河市龙大印装有限公司
经　　销:全国新华书店
开　　本:185mm×260mm　　　印　　张:12.5　　　字　　数:283 千字
版　　次:2011 年 8 月第 1 版　　　　　　　　　印　　次:2023 年 9 月第 7 次印刷
定　　价:39.00 元

产品编号:042967-03

前言

随着高等教育从"精英型"向"大众型"转换，传统的数学教学方式已经很难适应当前形势，正面临越来越多的问题和困难。多年以来教学内容、方法和手段变化甚微，不能体现数学在科技和现实生活中所起的重要作用，学生缺乏运用数学的思想和方法来解决实际问题的能力。

数学实验将改变数学课程那种仅仅依赖"一支笔，一张纸"，由教师单向传输知识的模式。从根本上改变传统教育观念，将数学实验引入数学教学过程中，让学生参与教学，体现其主观能动性，做学习的主人，实现学生是学习主体的教学观念，培养具有数学知识并能应用计算机从事研究或解决实际问题能力的人才。

数学专业的许多课程，如非线性常微分方程、偏微分方程的解，都通过近似计算来模拟，金融精算及应用统计的数据分析通过数学实验来实现，非线性动力学复杂吸引子的特征与混沌现象通过实验来理解。通过数学实验提高学生应用数学的意识和能力，彻底解决学了数学不会用的问题。因此数学实验有助于学生综合应用能力的培养。

数学实验的平台由计算机和若干种数学软件组成，它提供各种强大的运算、统计、分析、求解、作图等功能，是数学实验室的主要组成部分。因此，计算机和数学软件的学习是数学实验的基础。本书主要目的是介绍 MATLAB 的一般使用方法，使学生能够利用 MATLAB 进行一定的数学实验，为以后的数学实验打下基础。

全书共分 7 章，前 6 章主要介绍 MATLAB 的基本操作、矩阵运算、数值计算、符号运算及图形绘制等方面的相关函数及在数学中的应用，第 7 章设置 17 个实验操作。每章都列举了大量的实验，有利于学生理解 MATLAB 函数的功能和使用方法，并配备一定量的习题，便于读者巩固练习。

编者感到，编写一本将计算机软件与数学相结合的好的教材是很不容易的。尽管作者从事教学几十年，仍深感力不从心。对本书不足之处，望读者不吝赐教。

编者
2011 年 7 月

目 录

第1章

◆ 概 述

1.1 数学软件的起源与发展

1.1.1 数学实验

现代数学已经渗透到包括自然科学、工程技术、经济管理以至人文社会科学的许多学科和应用领域中,从宇宙飞船升空到家用电器设计,从质量控制到市场营销,通过建立数学模型,应用数学理论和方法,并结合计算机解决实际问题等都已成为十分普遍的模式,现代社会对科学技术人才的数学素质和能力提出了更新、更高的要求。

我们都熟悉物理实验和化学实验,就是利用仪器设备,通过实验来了解物理现象、化学物质等的特性。同样,我们也可通过数学实验来了解数学问题的特性并解决对应的数学问题。过去,因为实验设备和实验手段的问题,难以解决数学上的实验问题。随着计算机的飞速发展,计算速度越来越快,软件功能也越来越强,许多数学问题都可以由计算机来代替完成,也为人们用实验解决数学问题提供了可能。

数学实验是指以计算机和软件为主要工具来进行数学运算、模拟仿真、图形显示、探索发展数学理论、猜想证明等,帮助人们学习数学、研究数学和应用数学。

数学实验区别于传统数学课的特点就是从问题出发,将学生置身于情境之中,改变数学课程那种仅仅依赖"一支笔,一张纸",由教师单向传输知识的模式,使学生不仅学会逻辑证明的方法,而且学会运用计算机进行数值计算的方法,从根本上改变传统教育观念。将数学实验引入数学教学的过程中,在讲述数学理论的同时,要研究算法,还要在计算机上实现计算过程,得出结果并进行验证,体现学生的主观能动性,实现学生是学习主体的教学观念,培养具有数学知识并应用计算机从事研究或解决实际问题能力的人才。

数学实验的题目一般都具有开放性,学生能对问题进行推广,甚至问题的结果具有不确定性,可给学生充分的联想空间,以发挥其聪明才智,学生在分析问题、解决问题的同时,体会发现和创造的乐趣。

1.1.2 数学软件的起源与发展

数学实验软件平台由若干种数学软件组成,它提供各种强大的运算、统计、分析、求解、作图等功能。

在 20 世纪 50 年代,计算机的强大功能主要表现在数值计算上,部分表现在逻辑运算上。通过指令——用代码表示的计算机语言编制程序来完成特定的数学计算任务。

20 世纪 60～80 年代都很流行的用于科学计算的 ALGOL、FORTRAN 等算法语言，商用的 COBOL 语言，以及更容易入门掌握的 BASIC 语言等，都可以说是现代数学软件"Mathematical Software"的基础，但这些软件缺乏图形功能，更没有符号演算功能，并且在解决数学问题时需要自己编写程序，这对于一般人来说是非常困难的。

在 20 世纪 70～80 年代出现了若干处理数学问题的应用软件，当时数学软件的发展经历着一个"八仙过海、各显神通"的阶段。有人统计过，到 1986 年已经有成百个数学软件。

从 20 世纪 90 年代初开始，经过优胜劣汰的竞争，逐渐出现了功能更强的数学软件，如 Maple、MATLAB、MathCAD、Mathematica 等，也出现了比较专用的强有力的软件，例如，统计方面的 SAS、SPSS，规划方面的 Lindo、Lingo 等。

可以预见，功能越来越全、越来越多，界面越来越友好的数学软件将不断出现。

1.2　数学软件的分类

数学软件按用途，一般可分为通用数学软件和专用数学软件两大类。

1. 通用数学软件

通用系统具有多种数据结构和丰富的数学函数，功能齐全，应用领域广泛。

常见的通用数学软件包括：MATLAB、Mathematica、Maple 和 MathCAD，其中 MATLAB 以数值计算见长，Mathematica 和 Maple 以符号运算、公式推导见长，MathCAD 以绘图、设计见长。

2. 专用数学软件

专用系统主要是为解决物理、数学和其他科学分支的某些计算问题而设计的，专用系统在符号和数据结构上都适用于相应的领域，而且多数是用低级语言写成的，使用方便，计算速度快，在专业问题的研究中起着重要的作用。

绘图软件类：Tecplot、IDL、Surfer、Origin、SmartDraw、DSP2000。

数值计算类：Matcom、DataFit、S-Spline、Lindo、Lingo、O-Matrix、Scilab、Octave。

数值计算库：Linpack、Lapack、BLAS、Germs、IMSL、CXML。

有限元计算类：ANSYS、MARC、PARSTRAN、FLUENT、FEMLAB、FlexPDE、ALGOR、COSMOS、ABAQUS、ADINA。

数理统计类：Gauss、SPSS、SAS、Splus。

数学公式排版类：MathType、MikTeX、ScientificWorkplace、Scientific Notebook、LATEX。

数学编程类：FORTRAN、C/C++、VB、FEMLAB 等。

1.3 常用数学软件简介

在科技和工程界比较流行和著名的数学软件主要有 4 个，分别是 Maple、MATLAB、MathCAD 和 Mathematica，它们在各自针对的目标方面都有不同的特色。在统计学与运筹学方面也有 4 个常用的数学软件，它们分别是 SAS、SPSS、Lindo、Lingo。此外，还有在几何教学中常用的几何画板软件。

1. Maple

Maple 是加拿大滑铁卢大学（Waterloo University）研制的一种计算机代数系统。经过多年的不断发展，数学软件 Maple 已成为当今世界上最优秀的几个数学软件之一，它以良好的使用环境、强有力的符号运算能力、高精度的数值计算能力、灵活的图形显示和高效的可编程功能为越来越多的教师、学生和科研人员所喜爱，并成为进行数学处理的工具。可以容易地运用 Maple 软件解决微积分、解析几何、线性代数、微分方程、计算方法、概率统计等数学分支中常见的计算问题。

Maple 主要由三部分组成：用户界面（Iris）、代数运算器（Kernel）、外部函数库（External Library）。用户界面和代数运算器是用 C 语言写的，只占整个软件的一小部分，系统启动时即被装入。Iris 负责输入命令和算式的初步处理，显示结果和函数图像等。Kernel 负责输入的编译、基本的代数运算，如有理数运算、初等代数运算，还负责内存管理。Maple 的大部分数学函数和过程是用 Maple 自身的语言写成的，存于外部函数库中。当调用一个函数时，在多数情况下 Maple 会自动将该函数的过程调入内存，一些不常用的函数才需要用户自己将它们调入。另外，有一些特别的函数包也需要用户自己调入，如线性代数包、统计包，这使得 Maple 在资源的利用上具有很大的优势，只有最有用的东西才留在内存中，这是 Maple 可以在较小内存的计算机上正常运行的原因。Maple 14 启动界面如图 1-1 所示。

图 1-1　Maple 14 启动界面

2. MATLAB

MATLAB 原意是矩阵实验室(Matrix Laboratory)。20 世纪 70 年代末期,Cleve Moler 在新墨西哥大学给学生开线性代数课,MATLAB 就是为了减轻学生负担而开发的用来提供 Linpack 和 Eispack 软件包的接口程序,是采用 C 语言编写的。目前最新的版本是 2011 年 4 月发布的 MATLAB 7.12(R2011a)版。

MATLAB 可以运行在十几个操作平台上,比较常见的有基于 Windows、OS/2、Macintosh、Sun、UNIX、Linux 等平台的系统。它以矩阵作为基本数据单位,在应用线性代数、自动控制、数字信号处理、动态系统仿真方面已经成为首选工具,同时也是科研工作人员和大学生、研究生进行科学研究的得力工具。MATLAB 在输入方面也很方便,可以使用内部的 Editor 或者其他任何字符处理器,同时它还可以与 Word 结合在一起,在 Word 的页面里直接调用 MATLAB 的大部分功能,使 Word 具有特殊的计算能力。

MATLAB 程序主要由主程序和各种工具包组成,其中主程序包含数百个内部核心函数,工具包则包括复杂系统仿真、信号处理工具包、系统识别工具包、优化工具包、神经网络工具包、控制系统工具包、μ 分析和综合工具包、样条工具包、符号数学工具包、图像处理工具包、统计工具包等。图 1-2 所示为 MATLAB(R2010b)程序窗口。

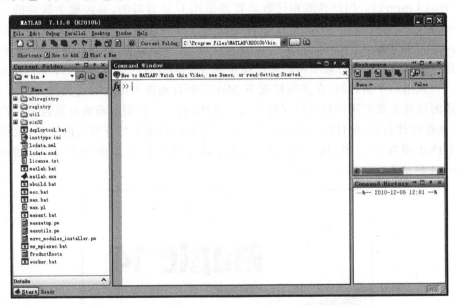

图 1-2　MATLAB(R2010b)程序窗口

3. MathCAD

MathCAD 是美国 Mathsoft 公司推出的一个交互式的数学系统软件。MathCAD 是集文本编辑、数学计算、程序编辑和仿真于一体的软件,它的主要特点是输入格式与人们习惯的数学书写格式很相似,采用 WYSWYG(所见即所得)界面,当输入一个数学公式、方程组、矩阵时,计算机将直接给出计算结果,而无须考虑中间计算过程。因而

MathCAD 在很多科技领域中承担着复杂的数学计算、图形显示和文档处理功能,是工程技术人员不可多得的有力工具,特别适合一般无须进行复杂编程或要求比较特殊的计算。MathCAD 还带有一个程序编辑器,可编写比较短小,或者要求计算速度比较慢的程序。MathCAD 可以看做是一个功能强大的计算器,没有很复杂的规则,同时它也可以和 Word、Lotus、WPS 等字处理软件很好地配合使用,可以将它当做一个出色的全屏幕数学公式编辑器。

MathCAD 有 5 个扩展库,分别是求解与优化、数据分析、信号处理、图像处理和小波分析。经过 20 多年的发展,MathCAD 从早期的简单有限功能发展到现在的代数运算、线性及非线性方程求解与优化、常微分方程、偏微分方程、统计、金融、信号处理、图像处理等许多方面。用户应用 MathCAD 可以很轻易地解决热学、电学等物理方面的问题,也可以解决在化学、机械工程以及医学、天文学的研究工作或学习中所遇到的各种问题。MathCAD 为广大学生,特别是理工科大学生的学习提供了很大方便,并提供了丰富的接口,可以调用第三方软件,利于扩展功能。

MathCAD 的使用操作十分简单,不要求用户具有精深的计算机知识,任何具有一定数学知识的人都可以十分容易地学会使用,因此 MathCAD 是一种大众化数学工具。但是,对于数值精度要求很严格的情形,或者是对于计算方法有特殊要求的情况,MathCAD 就有些"力不从心"了。

4. Mathematica

Mathematica 软件是由沃尔夫勒姆研究公司(Wolfram Research Inc.)研发的。Mathematica 1.0 版发布于 1988 年 6 月 23 日。发布之后,在科学、技术、媒体等领域引起了一片轰动,被认为是一个革命性的进步。几个月后,Mathematica 就在世界各地拥有了成千上万的用户。今天,Mathematica 已经被工业和教育领域广泛地采用。

从某种意义上讲,Mathematica 是一个复杂的、功能强大的解决计算问题的工具。它的主要功能包括 3 个方面:符号演算、数值计算和图形。它可以自动地完成许多复杂的计算工作,如各种多项式的计算(四则运算、展开、因式分解),有理式的计算;它可以求多项式方程、有理式方程和超越方程的精确与近似解;做数值和一般表达式的向量与矩阵的各种计算。Mathematica 可以求解一般函数表达式的极限、导函数,求积分,做幂级数展开,求解某些微分方程;可以做任意位整数的精确计算、分子分母为任意位整数的有理数的精确计算(四则运算、乘方等);可以做任意精度的(实数值或虚数值)数值计算。图 1-3 所示为其程序窗口。

5. SAS

SAS 是 Statistical Analysis System 的缩写,意为"统计分析系统",是由美国 SAS 研究所(SAS Institute Inc.)于 1976 年推出的用于决策支持的大型信息集成系统,是当前最重要的专业统计软件之一。

SAS 系统是一个由 30 多个专用模块组成的大型集成式软件包,其功能包括客户机/服务器计算、数据访问、数据存储及管理、应用开发、图形处理、数据分析、报告编制、质量

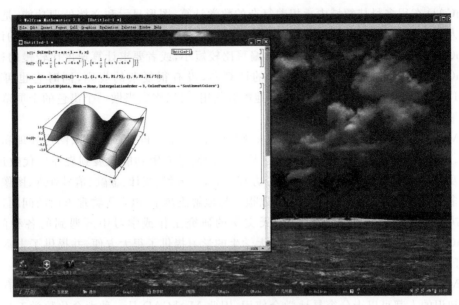

图 1-3　Mathematica 7.0 程序窗口

控制、项目管理、运筹学方法、计量经济学与预测等,实际使用时可以根据需要选择相应的模块。

　　SAS 主要有以下模块:SAS 基本部分,称为 SAS/BASE,可以完成基本的数据管理工作和数据统计工作,是 SAS 系统的基础,所有其他 SAS 模块必须与之结合使用;SAS 分析核心,这一部分是 SAS 系统的灵魂,它提供了严肃的、权威的数据分析与决策支持功能,包括 SAS/STAT(高级统计)、SAS/ETS(时间序列分析)、SAS/IML(交互式矩阵语言)、SAS/OR(运筹学)、SAS/QC(质量控制)、SAS/INSIGHT、SAS/LAB;SAS 开发工具,这是面向对象的开发工具,可以定制信息处理应用系统,包括 SAS/AF、SAS/EIS(经济信息系统)、SAS/GRAPH(图形处理)等模块;SAS 分布式处理及数据仓库设计,此部分为 SAS 的高级数据处理功能,包括 SAS/ACCESS、SAS/CONNECT、SAS/SHARE 等模块。

6. SPSS

　　SPSS 原来是 Statistical Package for the Social Sciences 的首字母缩写,即"社会科学统计软件包"。SPSS 由美国斯坦福大学的 3 位研究生于 20 世纪 60 年代末研制而成,他们同时成立了 SPSS 公司,并于 1975 年在芝加哥组建了 SPSS 总部。1984 年 SPSS 总部首先推出了世界上第一个统计分析软件——微机版本 SPSS/PC＋,开创了 SPSS 微机系列产品的开发方向,极大地扩充了它的应用范围,并使其能很快地应用于自然科学、技术科学、社会科学的各个领域,世界上许多有影响的报纸杂志纷纷对 SPSS 的自动统计绘图、数据的深入分析、易用性、功能齐全等方面给予了高度的评价与称赞。2009 年 SPSS 被 IBM 公司收购,目前 SPSS 最新版本已出至 SPSS 19 版。

　　SPSS 由多个模块构成,其中 SPSS Base 为基本模块,其余 9 个模块为 Advanced

Models、Regression Models、Tables、Trends、Categories、Conjoint、Exact Tests、Missing Value Analysis 和 Maps,分别用于完成某一方面的统计分析功能,它们均需要挂接在 Base 上运行。SPSS 最突出的特点就是操作界面极为友好,输出结果美观漂亮,它使用 Windows 的窗口方式展示各种管理和分析数据方法的功能,使用对话框展示出各种功能选择项,只要掌握一定的 Windows 操作技能,粗通统计分析原理,就可以使用该软件为特定的科研工作服务,是非专业统计人员的首选统计软件。SPSS 19 版启动画面如图 1-4 所示。

图 1-4　SPSS 19 版启动画面

7. Lindo 和 Lingo

Lindo 是一种专门用于求解数学规划问题的软件包。由于 Lindo 执行速度很快,易于输入、求解和分析数学规划问题,因此在数学、科研和工业界得到了广泛应用。

Lindo 主要用于解线性规划、非线性规划、二次规划和整数规划等问题,也可以用于一些非线性和线性方程组的求解,以及代数方程求根等。Lindo 中包含了一种建模语言和许多常用的数学函数可供使用者建立规划问题时调用。一般用 Lindo 解决线性规划、整数规划问题。Lingo 则用于求解非线性规划和二次规则。虽然 Lindo 和 Lingo 不能直接求解目标规划问题,但用序贯式算法可将问题分解成一个个 Lindo 和 Lingo 能解决的规划问题。要学好这两个软件最好的办法就是学习它们自带的 HELP 文件。图 1-5 所示为 Lingo 9.0 程序窗口。

8. 几何画板

几何画板(The Geometer's Sketchpad)是由美国 Key Curriculum Press 公司制作并发布的几何软件,它的全名是"几何画板——21 世纪的动态几何",非常适用于辅助数学、物理的教学,它提供丰富而方便的创造功能使用户可以随心所欲地编写出自己需要的教学课件,也适用于学生进行研究性学习。用它可以构造图形、图表,而且用鼠标拖动几何

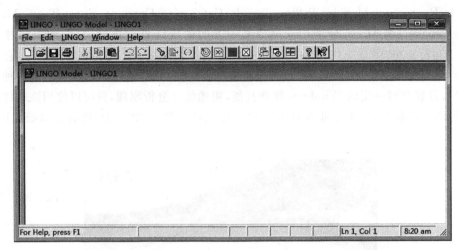

图 1-5　Lingo 9.0 程序窗口

对象图形的几何关系保持不变,它为教师和学生提供了一个观察和探索几何图形内在关系的环境,帮助用户实现其教学思想。它简单易用,界面友好,可以在多媒体教室或机房使用。

几何画板以点、线、圆为基本元素,通过对这些基本元素的构造、变换、测算、计算、动画、跟踪轨迹等,构造出其他较为复杂的图形,因此学习几何画板应将精力放在数学上而不是这个软件本身。

几何画板的功能主要有以下几个方面。

(1) 构造图形:几何画板提供了点、线、圆、弧、内部的绘制工具和菜单,可以构造任何尺规能作的图形。另外,几何画板所提供的迭代功能可以构造分形等尺规所不能作的图形。

(2) 画函数图像:几何画板所提供的追踪、轨迹和绘制函数图像等功能可以将任意函数的图像画出(以二维为主),无论是在直角坐标系还是在极坐标系下。若函数有参数,都可以通过参数的变化观察图像的变化。

(3) 测量与计算:几何画板可以对几何图形进行测量,如线段的长度、两点的距离、圆的半径、圆的面积、角度、弧的长度、点的坐标等,还可以对任意表达式进行计算,并动态地显示在屏幕上,若表达式中的测量值发生变化,则表达式的值也随之而变。

(4) 几何变换:几何画板提供了平移、旋转、缩放、反射变换。在变换时,除了固定值变换外,还可以利用距离、角度、向量、比例等控制变换。

(5) 动画:几何画板可以使点自由运动或沿某个路径运动,可以控制运动的速度、方向,也可以使一个点移动到一个目标点。

几何画板的系统要求很低:PC 486 以上兼容机、4MB 以上内存、Windows 3.x 或 Windows 95 简体中文版均可。目前最新版本是 Sketchpad 5.0,其程序窗口如图 1-6 所示。

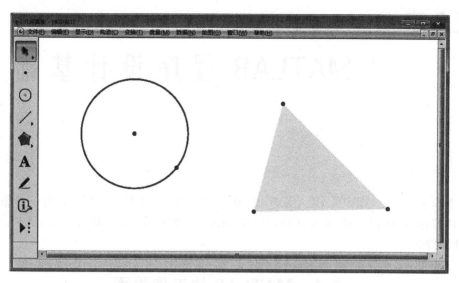

图 1-6 Sketchpad 5.0 程序窗口

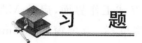 习 题

1. 什么是数学实验？数学实验的实验平台是什么？
2. 什么是数学软件？常用的数学软件有哪些？
3. 数学软件的基本功能有哪些？
4. MATLAB 的特点是什么？

第2章
◆ MATLAB 程序设计基础

本章主要介绍 MATLAB 开发环境、基本知识,使读者对 MATLAB 有一个整体认识。内容包括 MATLAB 开发环境,MATLAB 语言的变量、运算符、语句,MATLAB 中的 M 文件等。

2.1 MATLAB 的工作界面

MATLAB 向用户提供了交互式工作界面,启动 MATLAB 后,会弹出 MATLAB 使用环境的主界面,主界面包括菜单栏、命令窗口(Command Window)、工作空间窗口(Workspace Window)、命令历史窗口(Command History Window)、当前路径窗口(Current Directory Window)等(见图 2-1)。

只有了解并熟悉交互式界面的基本功能和操作,才能更好地利用 MATLAB 进行学习和研究,达到事半功倍的效果。本节将以 2010b 版本为主简要介绍 MATLAB 使用环境中各窗口的功能和使用方法。

2.1.1 命令窗口

1. 命令窗口的功能

主界面的 Command Window 即为命令窗口(见图 2-1)。

命令窗口是用户与 MATLAB 编译器进行通信的工作环境,采用交互式设计方式,主要功能是:提供命令输入的平台,用户可以通过命令窗口直接输入命令或数学表达式进行计算;显示命令执行的结果,系统自动将反馈信息或结果显示在命令窗口中。

在命令窗口中,">>"为提示符,由计算机自动显示,表示 MATLAB 编译器正等待用户输入命令(在以后的例题中,">>"后面的内容是上机时输入的命令),所有 MATLAB 命令、函数、程序都要在这个窗口中运行。在命令窗口中用户可以在">>"提示符后输入 MATLAB 命令。下面来体验一下,例如要创建一个变量,并赋值 4.5,可以输入变量赋值命令:x=4.5 并按 Enter 键,在命令行的下面回显 x 的值,即:

```
>>x=4.5        %>>是命令窗口中自动显示的提示符,上机时只输入 x=4.5 即可
x=
4.5000         %左边的数字是在命令窗口中显示的内容
```

图 2-1　MATLAB 主界面

注意：

（1）在上面的例子中，"%"后面的内容是注释内容，上机时不需要输入。

（2）在 MATLAB 中，计算总是以双精度浮点数来执行的，但可以通过 format 命令设定数据在屏幕上的显示格式，当运算结果是整数时，则不显示小数；当运算结果不是整数时，数据的显示格式默认显示小数点后 4 位有效数字。

再想求 pi * x 的正弦函数值，就可继续在"＞＞"后输入表达式 sin(pi * x)并按 Enter 键，MATLAB 将计算出结果并显示在命令窗口中（见图 2-2）。

```
>> sin(pi * x)
ans=
1
```

其中，ans 是 answer 的缩写，为 MATLAB 中的默认结果变量，当没有指定结果变量时，就默认使用 ans 来保存数据。

注意：若在表达式后面跟分号（;），MATLAB 系统只完成该命令要求的计算任务，不显示计算结果。如在"＞＞"提示符下输入：sin(pi * x)；将不显示运算结果（见图 2-2）。这个功能在程序设计中是非常必要的，它可以免除系统资源对中间结果进行十进制和二进制之间的转换，使程序运行速度成倍甚至成百倍地提高。

为了简化命令的输入，在 MATLAB 中，最近使用过的几条命令都存储在内存中，并在命令历史窗口（Command History Window）中显示出来，因此可以调出以前输入并执行过的命令。MATLAB 提供了一些命令行功能键来实现这一功能。例如，可以使用方向键调出已经输入过的命令，假设将函数 sin 错写为 sn 而输入了如下命令：

```
>>  sn(3/pi)
```

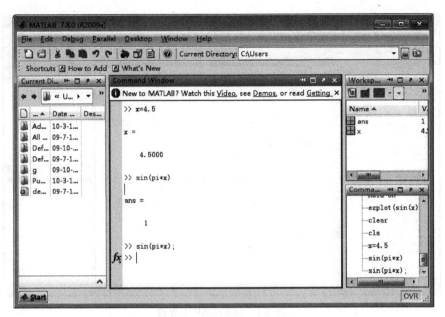

图 2-2 "命令"窗口使用举例

MATLAB 将返回一条错误提示信息：??? Undefined function or variable 'sn'.。

这时不用重新输入整行命令，而只需按"↑"键，就会再显示刚才输入的命令行，然后用"←"键或将光标移到"s"和"n"之间，并输入"i"进行更正，接着按 Enter 键即可正常运行。特别地，还可以只输入少量几个字母，使用"↑"键即可调出最后一条以这些字母开头的命令。

除"↑"键之外还有一些命令行功能键，见表 2-1。

表 2-1　常用的命令行功能键

按　　键	功　　能	按　　键	功　　能
↑	重调前一行	End	移动到行尾
↓	重调下一行	Esc	清除一行
←	左移一个字符	Backspace	删除光标左侧一个字符
→	右移一个字符	PageUp	向前翻页
Ctrl＋←	左移一个字	PageDown	向后翻页
Ctrl＋→	右移一个字	Ctrl＋Home	光标移到命令窗口首
Home	移动到行首	Ctrl＋End	光标移到命令窗口尾

2．数值的显示格式

MATLAB 以双精度浮点数来执行运算，显示数值结果时，如果是整数，显示整数；如果是实数，默认显示小数点后 4 位有效数字。用户可以在提示符下输入相应的 format 命令来指定改变数值的显示格式，但不影响计算与存储，即 MATLAB 总是以双精度浮点数来执行运算的。例如：

```
>>pi
ans =
    3.1416
>>format long
>>pi
ans =
    3.141592653589793
>>format short e
>>pi
ans =
  3.1416e+000
```

不同的 format 命令对应的不同输出格式,见表 2-2。

表 2-2 数值的显示格式

MATLAB命令	pi	注　　释
format short	3.1416	短格式定点数小数点后 4 位
format long	3.141 592 653 589 793	长格式定点数 double 小数点后 14 位或 15 位 single 小数点后 7 位
format short e	3.1416e+000	短格式＋指数
format long e	3.141 592 653 589 79e+000	长格式＋指数
format short g	3.1416	短紧缩格式
format long g	3.141 592 653 589 79	长紧缩格式
format hex	400921fb54442d18	十六进制
format +	＋	正(＋)、负(－)或 0(0)
format rat	355/133	分数格式
format bank	3.14	银行格式,2 位小数

也可以通过 File 菜单中的 Preference 菜单项来改变数值的显示格式,如图 2-3 所示,在窗口左边树形列表里选择 Fonts 里面的 Command Window 项,在右侧的 Numeric Format 下拉菜单修改输出格式,然后单击 OK 按钮即可。

2.1.2 工作空间窗口

工作空间(工作区)窗口是 MATLAB 的变量管理中心,存储着命令窗口输入的命令和创建的所有变量值,可以显示变量的名称、值、尺寸和类别等,并用不同的图标表示不同类型的变量(见图 2-4)。

MATLAB 在每次运行时都会自动建立一个工作区,刚打开的 MATLAB 工作区中只有 MATLAB 提供的几个常量,如 pi(3.141 592 6…),虚数单位 i 等。运行 MATLAB 的程序或命令时,产生的所有变量被加入工作区,除非用特殊的命令删除某变量,否则该变量在关闭 MATLAB 之前一直保存在工作区内。工作区在 MATLAB 运行期间一直存在,关闭 MATLAB 后,工作区自动消除。

MATLAB 提供了一些命令随时查看工作区中的变量名及变量的值。

(1) who 或 whos:显示当前工作区中的所有变量。who 只显示变量名,whos 给出

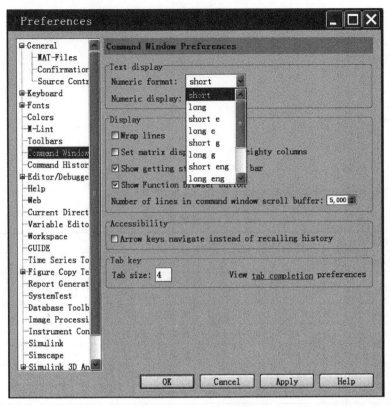

图 2-3 "命令"窗口设置

变量的大小、数据类型等信息。

（2）clear：清除工作区中的所有变量。

（3）clear var1 var2 var3…或 clear（'var1'，'var2'，'var3'，…）：清除指定的工作区变量。

（4）save：将当前 MATLAB 工作空间中的所有变量存入名为 matlab. mat（默认的文件名）的文件中，此命令的其他用法见 2.2.1 小节。

（5）load：将磁盘文件 matlab. mat 的内容读入内存，并显示在工作区中，此命令的其他用法见 2.2.1 小节。

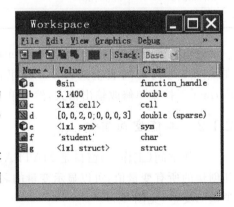

图 2-4 "工作区"窗口

（6）size(变量名)：显示当前工作区中指定变量的尺寸。

（7）length(变量名)：显示当前工作区中指定变量的长度。

（8）disp(变量名)：显示当前工作区中指定变量。

（9）pack：整理工作区内存。

2.1.3 命令历史窗口、当前路径窗口和搜索路径

1. 命令历史窗口

命令历史窗口以树形列表的方式显示已执行过的命令，如图 2-5 所示。

2. 当前路径窗口

当前路径（Current Directory）窗口显示了当前路径下的文件信息，包括文件名称、文件类型、修改日期、内容描述等。在当前路径窗口中的某一文件上右击会弹出菜单，可通过此菜单实现对文件的打开、运行、重命名、复制、删除等操作（见图 2-6）。

当前路径可以通过"当前路径"窗口右侧的██按钮来设置。

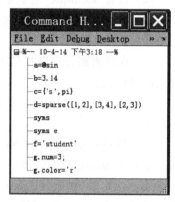

图 2-5 "命令历史"窗口

图 2-6 "当前路径"窗口

3. 搜索路径

MATLAB 中有一条搜索路径，它在搜索路径下寻找与命令相关的 M 文件和数据文

件,MATLAB进行搜索时按照规定的顺序进行。下面介绍搜索路径的用法,例如在MATLAB提示符下输入"example",则MATLAB将按下列顺序开始搜索。

(1) 检查"example"是不是工作区中的变量,如果是,返回该变量值;否则转入(2)。

(2) 检查"example"是不是内部函数,如果是,执行该内部函数;否则转入(3)。

(3) 检查在当前目录中是否存在名为"example"的M文件,如果有,执行该文件;否则转入(4)。

(4) 在搜索路径中查找是否存在名为"example"的M文件,如果有,执行该文件;否则给出出错信息。

如果在搜索目录中存在多个同名函数,则只执行搜索路径中的第一个函数,其他函数不再执行。

可以通过在命令窗口中输入"path"命令查看当前搜索路径。用户还可以使用path命令临时添加新的搜索路径。

如:>>path('c:\mypath', path);表示将搜索顺序改为在搜索完当前目录之后,先搜索目录"c:\mypath",再搜索当前MATLAB的搜索路径(path函数的其他调用形式可参考help)。

还可以通过File菜单下的Set Path项打开路径浏览器,单击Add Folder按钮,加入新路径,然后单击Save按钮,将该目录永久地保存在MATLAB的搜索路径上,如图2-7所示。可以使用Move to Top、Move Up、Move Down、Move to Bottom等按钮调整搜索路径的位置,使用Remove按钮删除选中的路径。

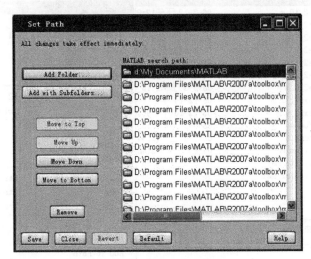

图 2-7 "搜索路径设置"窗口

2.1.4 M文件编辑器

MATLAB的命令文件和函数文件的扩展名都是".m",称为M文件。MATLAB开发环境中专门提供了一个内置的具有编辑和调试功能的M文件编辑器,编辑器窗口也有菜单栏和工具栏,使编辑、调试和运行M文件非常方便,如图2-8所示。

M 文件编辑器的菜单栏和工具栏下面有 3 个区域,最右侧大块区域是程序窗口,用于编写程序;最左侧区域显示行号,行号自动随行数的增加而增加;中间区域有一些短横线,这些横线只出现在可执行行上,空行、注释、函数定义行前都没有,调试程序时,可以直接在这些横线上单击以增加或去掉断点。

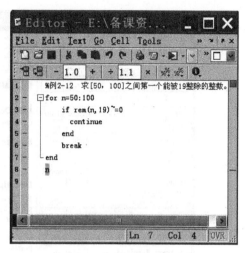

图 2-8　程序编辑器

2.1.5　帮助系统

MATLAB 有以下几种方法获得帮助:帮助命令、帮助窗口、Help Desk、在线帮助页或直接链接到 MathWorks 公司(对于已联网的用户)。

1. 帮助命令 help 和 lookfor

帮助命令是查询函数语法的最基本方法,查询信息直接显示在命令窗口中。

(1) help 命令

help 命令提供 MATLAB 大部分主题的在线帮助信息,其用法如下。

* help　　%显示 help 主题一览表。
* help 函数名　　%显示相应函数的有关帮助信息。
* help 帮助主题　　%获取指定主题的帮助信息。帮助主题可以是命令名、目录名或 MATLAB 搜索路径中的部分路径名。如果是命令名将显示该命令信息;如果是目录名或部分路径名,将列出指定目录下的文件名和简要说明。

(2) lookfor 命令

虽然 help 命令可以随时提供帮助,但必须知道准确的函数名称。当不能确定函数名称时,help 命令就无能为力了。这时就可以使用 lookfor 命令,它可通过提供完整或部分的关键词,搜索出一组与之相关的命令。一般情况下,该命令仅搜索各个文件帮助文本的第一行。

help、lookfor 两个命令构成了 MATLAB 语言相当完善的在线帮助查询系统。

2. 帮助窗口

帮助窗口给出的信息与帮助命令给出的信息内容一样,但在帮助窗口给出的信息按目录编排,比较系统,更容易浏览与之相关的其他函数,如图 2-9 所示。在 MATLAB 命令窗口中有两种方法可进入帮助窗口。

(1) 单击菜单条上的"?"按钮。

(2) 输入"helpwin"命令。

在左侧文本框中输入函数名,按 Enter 键即可显示此函数的帮助信息。

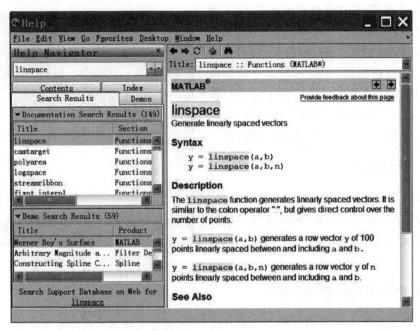

图 2-9 "帮助"窗口

2.2 MATLAB 语言基础

2.2.1 常量与变量

1. 常量

MATLAB 中有一些预定义的量,这些特殊的量称为常量,见表 2-3。

表 2-3 MATLAB 中的常量

常 量 名	常 量 值	常 量 名	常 量 值
i, j	虚数单位,定义为 $\sqrt{-1}$	Realmin/realmin	最小的正浮点数,2^{-1022}
pi	圆周率	Realmax/realmax	最大的浮点数,2^{1023}
eps	浮点数的相对误差,定义为 1 与最接近可代表的浮点数之间的差	nargin	在 M 文件内表示函数实际输入参数个数
NaN/nan	表示非数,如 0/0,inf/inf	nargout	在 M 文件内表示函数实际输出参数个数
Inf/inf	无穷大		

2. 变量

变量是用于存储数据的内在空间,在 MATLAB 中使用变量不需要对所使用的变量进行事先声明,也不需要指定变量的类型,它会自动根据所赋予变量的值或对变量所进行的操作来确定变量的类型。

在赋值过程中,如果变量已存在,MATLAB 将使用新值代替旧值,并以新的变量类型代替旧的变量类型。

（1）变量的命名规则

在 MATLAB 中给变量命名必须遵循如下规则。

① 变量名区分大小写字母,因此 a 与 A 是两个不同的变量。

② 变量名最多包含 31 个字符,之后的字符将被忽略。

③ 变量名以字母开头,变量名中可以包含字母、数字、下画线,但不能使用标点。

④ 任何的变量均被视为一个矩阵,单一的数被看做 $1×1$ 的矩阵。

（2）局部变量和全局变量

通常,每个函数体内都有自己定义的变量,其他函数和 MATLAB 工作空间不能访问这些变量,这些变量就是局部变量。如果要实现某些变量在几个函数和工作空间中可以共享,可以将它们定义成全局变量。

全局变量用关键字 global 声明,习惯上将全局变量名用大写字母表示,如:global A　B　%定义全局变量 A、B。

如果需要在几个函数和工作空间中都能访问同一个全局变量,必须在每个函数和 MATLAB 工作空间内都声明该变量是全局的。在实际编程中,为了防止出现不可预见的情况,应尽量避免使用全局变量。

（3）数据类型

为了适应多种运算的需要,MATLAB 提供了多种数据类型,这些数据类型最大的特点是每一种类型都以数组为基础,从数组中派生出来。

MATLAB 支持的数据类型主要有:double(双精度)、single(单精度)、char(字符型)、sparse(稀疏矩阵)、storage(存储型)、cell(单元数组)、struct(结构数组)、function handle(函数句柄)等。其中 storage 是一个虚拟数据类型,它包括 8 位、16 位、32 位的整型数组,帮助用户有效地管理内存,实现整型变量的操作,这些变量不能用于数学计算。

在工作空间中,不同的数据类型用不同的图标表示(见图 2-10),几种常用数据类型的

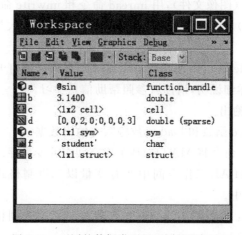

图 2-10　不同的数据类型用不同的图标表示

简要说明见表 2-4。

表 2-4　数据类型一览表

类型名称	函　数	举　例	说　　明
字符型	char	'A' 'happy'	字符型数组（每个字符 16 位），也可以用于字符串操作
存储型变量	int8 int16 int32 unit8 unit16 unit32	int8(32) unit8(2)	存储型变量为 8 位、16 位或 32 位的整数数组，帮助用户有效地管理内存，实现整型变量的操作，这些变量不能用于数学运算
单精度	single	single(12.33)	单精度数值数组，单精度所需的存储空间较双精度小，但精度差，数值的范围小
双精度	double	15 12.33	双精度数值数组，为默认的 MATLAB 变量类型
稀疏矩阵	sparse	sparse(6)	稀疏双精度矩阵，稀疏矩阵只存储少数的非零元素，较常规矩阵的存储节约了大量的存储空间，稀疏矩阵引入了特殊的算法
单元数组	cell	{10,'h',3.4}	单元数组，单元数组元素的尺寸、性质可以不同
结构数组	struct	a.color='Red'; a.num=4;	结构数组，结构数组包括域名，域中可以包括其他数组，与单元数组类似
函数句柄	function handle	@sin	MATLAB 的函数句柄

（4）数据文件

MATLAB 允许接收的数据文件大致有如下几种类型。

① .mat（二进制数据文件），.mat 文件是标准的 MATLAB 数据文件，由 save 命令和 load 命令直接存取。

② .txt、.dat（ASCII 码数据文件），也可由 save 命令和 load 命令存取。

③ .bmp、.jpg、.tif（图像文件），用 imread 命令和 imwrite 命令读入与存储。

④ .wav（声音文件），用 wavread 命令和 wavwrite 命令读入与存储。

（5）数据输入向导

单击 MATLAB File 菜单中的 Import Wizard 菜单项就打开了"数据输入向导"窗口，具体应用此处不作详细说明，请读者参照帮助信息学习。

（6）数据的输入与输出

MATLAB 中用 save 函数和 load 函数输入与输出数据。

① save 函数。save 命令将 MATLAB 工作空间中的变量存入磁盘，具体格式如下。

save：将当前 MATLAB 工作空间中所有变量以二进制格式存入名为 matlab.mat（默认的文件名）的文件中。

save dfile（文件名）：将当前工作空间中所有变量以二进制格式存入名为 dfile.mat 文件，扩展名自动产生。

save dfile x1 x2：只将变量 x1、x2 以二进制格式存入 dfile.mat 文件，扩展名自动产生。

save dfile. dat x -ascii：将变量 x 以 8 位 ASCII 码形式存入 dfile. mat 文件。

save dfile. dat x -ascii -double：将变量 x 以 16 位 ASCII 码形式存入 dfile. dat 文件。

save(frame,'var1','var2',…)：frame 是一个预先定义好的包含文件名的字符串,将变量 var1、var2、…存入由 frame 定义的文件中,由于在这种用法中文件名是一个字符变量,因此可以方便地通过编程的方法存储一系列数据文件。

例如：

```
savefile ='D:\test.mat';
p =rand(1,  10);  q =ones(10);
save(savefile,  'p',  'q')
```

② load 函数。load 命令将磁盘上的数据读入工作空间,具体格式如下。

load：将磁盘文件 matlab. mat(默认的文件名)的内容读入内存,由于存储. mat 文件时已包含了变量名的信息,因此调回时已直接将原变量信息带入,不需要重新赋变量值。

load dfile：将磁盘文件 dfile. mat 的内容读入内存。

load dfile var1 var2：将磁盘文件 dfile. mat 的变量 var1、var2 读入内存。

load dfile. dat：将磁盘文件 dfile. dat 的内容读入内存,这是一个 ASCII 码文件,系统自动将文件名(dfile)定义为变量名。

load (frame,'var1','var2',…)：frame 是一个预先定义好的包含文件名的字符串,将由 frame 定义文件名的数据文件中的 var1、var2、…读入内存,使用这种方法可以通过编程方便地调入一系列数据文件。

例 2-1　定义 3 个变量 $a=1,b=2,c=3$,全部存入文件 mydata 中,再将 b、c 存入另一个文件中；清空工作空间后,检查工作空间,调入变量 a,再检查工作空间。

操作步骤：

```
>>a=1;
>>b=2;
>>c=3;
>>save mydata
>>save mydata1 b c
>>clear                %清空工作空间
>>whos                 %检查工作空间,已没有任何变量
>>load mydata a
>>whos
  Name      Size          Bytes  Class      Attributes
  a         1×1             8  double
```

2.2.2　运算符

1. 算术运算符

MATLAB 的主要算术运算符如下。

A'   矩阵 A 的转置,如果 A 是复矩阵,则是共轭转置。

A.'   矩阵 A 的转置,如果 A 是复矩阵,则是非共轭转置。

A±B   矩阵 A 和矩阵 B 的和与差。

A∗B   矩阵 A 和 B 的乘法。

A.∗B   矩阵 A 和 B 的点乘法,A 和 B 对应位置元素相乘。

A\B   A 左除以 B,相当于 inv(A)∗B(A 的逆阵左乘 B)。

A/B   A 除以 B,大体相当于 A∗inv(B)。

A./B   A 点除以 B,矩阵 A 的元素除以矩阵 B 的对应元素,即等于[A(i,j)/B(i,j)]。

A.\B   A 点左除以 B,矩阵 B 的元素除以矩阵 A 的对应元素,即等于[B(i,j)/A(i,j)]。

A^B   幂运算,A 的 B 次方。

A.^B   点幂运算,等于[A(i,j)^B(i,j)]。

2．关系运算符

MATLAB 提供了 6 种关系运算符,用于比较两个同维矩阵的对应位置元素,结果为同维的 0-1 矩阵,1 表示比较结果为真,0 表示比较结果为假。其中一个操作为标量时,表示该标量与矩阵的每个元素进行关系运算,结果为与操作数矩阵同维的 0-1 矩阵。

＜   小于

＜＝   小于等于

＞   大于

＞＝   大于等于

＝＝   等于

～＝   不等于

3．逻辑运算符

MATLAB 提供了 3 种逻辑运算符,即与 &(AND)、或|(OR)、非 ～(NOT),它们的定义如下。

A&B   对同阶矩阵中的对应元素进行逻辑"&"运算,结果是 0-1 矩阵。

A|B   对同阶矩阵中的对应元素进行逻辑"|"运算,结果是 0-1 矩阵。

～A   对单个矩阵或标量进行取反运算,结果是 0-1 矩阵。

4．特殊操作符

除了常用的运算符外,MATLAB 还提供了几种特殊操作符:":"、";"、"%"、"…"等。

(1) 冒号操作符":"

冒号":"是一个非常有用的操作符,其主要作用是生成向量和进行矩阵的索引,见表 2-5。

表 2-5　":"用法说明

命　令	说　明
i:j	如果 i≤j,则生成行向量[i,i+1,i+2,i+3,…,j];如果 i>j,则 x 为空向量
i:k:j	如果 k>0 且 i<j 或 k<0 且 i>j,则生成行向量[i,i+k,i+2k,i+3k,…,m],m 与 j 的差的绝对值小于等于 k 的绝对值,且当 k>0 时,m≤j;k<0 时,m≥j。如果 k>0 且 i>j 或 k<0 且 i<j,则 x 为空向量
A(i:j)	取向量 A 中的元素 A(i)、A(i+1)、…、A(j)组成新向量,A(i) 表示取向量中第 i 个元素
A(i:k:j)	取向量 A 中的元素 A(i)、A(i+k)、A(i+2k)、…、A(m)组成新向量,m 与 j 的差的绝对值小于等于 k 的绝对值
A(i,:)	取矩阵 A 的第 i 行
A(i:i+m,:)	取矩阵 A 第 i~i+m 行的全部元素
A(:,j)	取矩阵 A 的第 j 列
A(:,j:j+m)	取矩阵 A 第 j~j+m 列的全部元素
A(i:i+m,j:j+m)	取矩阵 A 第 i~i+m 行内的,并在第 j~j+m 列的全部元素
A([i,j],[m,n])	取矩阵 A 第 i 行、第 j 行中位于第 m 列、第 n 列的元素

注意：MATLAB 中还提供了一个创建向量的函数 linspace,其调用格式如下。

V=linspace(a,b,n)　表示创建一个行向量 V,V 是一个包含 n 个元素的等差数列,它的第一个元素是 a,最后一个元素是 b。不指定 n 时,n 的值默认是 100,n<2 时返回 b。此函数与冒号创建等差数列不同的是,i:k:j 创建的数组中,j 可能取不到。

MATLAB 中还有创建等比数列的函数 logspace,其调用格式如下。

V=logspace(a,b,n)　表示创建一个行向量 V,V 是一个包含 n 个元素的等比数列,它的第一个元素是 10^a,最后一个元素是 10^b。不指定 n 时,n 的值默认是 50,n<2 时,返回 10^b。

例 2-2　a=linspace(1,10,10),取 a 中的第 4 个到第 7 个元素组成新向量 b。A= $\begin{bmatrix} 1 & 2 & 3 \\ 4 & 5 & 6 \\ 7 & 8 & 9 \end{bmatrix}$,取 A 中第 1、3 行中位于第 2 列的元素。

操作步骤：

```
>>a=linspace(1, 10, 10)
a =
     1     2     3     4     5     6     7     8     9    10
>>b=a(4:7)
b =
     4     5     6     7
>>A=[1, 2, 3;4, 5, 6;7, 8, 9]        %生成矩阵 A
A =
     1     2     3
     4     5     6
     7     8     9
```

```
>>A([1, 3], 2)
ans =
        2
        8
```

（2）行分隔符"；"

在 MATLAB 语句后加"；"，表示该语句的执行结果不显示在命令窗口中，这样可以避免显示不感兴趣的中间结果，提高效率。

在矩阵定义中，行分隔符"；"用于分隔矩阵的两行。

（3）百分号"％"

在编程时用百分号"％"引导注释行。该符号后面的内容被当做注释内容，程序执行时被忽略。

（4）换行连接符"…"

如果一个命令语句非常长，一行容纳不下，可以分几行来写。在行末加上换行连接符"…"再按 Enter 键，即可在下一行接着写该语句。

例如：

```
>>3+2-...
22
ans =
      -17
```

与语句 3＋2－22 的作用是相同的。

注意：如果换行连接符前面是数字，直接使用换行连接符会出错，有以下两种解决方法。

（1）再加一个点，即 4 个点"…."。

（2）先空一格，然后再输入换行连接符。

2.2.3　M 文件

M 文件是一个由 MATLAB 的命令或函数构成的文本文件，以 .m 为扩展名，故称为 M 文件。在 M 文件的语句中可以调用其他的 M 文件，也可以递归地调用自身。M 文件名不能含有汉字，不能是纯数字，不能与 MATLAB 中预定义的函数或命令名相同。M 文件有两种形式，即命令文件（Script）和函数文件（Function）。

命令文件是一个包含 MATLAB 语句序列的简单文件，执行命令文件不需要输入参数，也没有输出参数，MATLAB 自动按顺序执行命令文件中的语句，命令文件的变量保存在工作空间中。

函数文件是以 function 语句为引导的 M 文件，可以接收输入参数和返回输出参数。在默认情况下，函数文件的内部变量是临时的局部变量，函数运行结束后，这些局部变量被释放，不再占用内存空间。用户可以根据自己的需要编制函数文件以扩充已有的 MATLAB 功能。

（1）M 文件的建立

M 文件可以用任何文本编辑器生成，这里介绍如何在 M 文件编辑器中建立 M 文件，步骤如下。

① 打开 M 文件编辑器（MATLAB Editor）：选择 File→New→Script 或 File→New→Function 命令，或单击 New Script button 按钮。

② 输入程序：在 Editor 窗口输入 MATLAB 程序。

③ 保存程序：选择 File→Save 命令，出现一个对话框，在文件名框中输入一个文件名（如 example.m），单击"保存"按钮，一个 M 文件便保存在磁盘上了，可便于修改、调用、运行和今后访问。M 文件的命名规则和变量的命名规则相同，不同的是函数 M 文件名在 UNIX 平台上是对大小写敏感的，但是在 Windows 平台上是不分大小写的，习惯上对 M 文件名只使用小写字母。

（2）命令 M 文件

命令 M 文件没有输入输出参数，也不返回输出参数，只是一些命令行的组合，是最简单的 M 文件。命令 M 文件适用于自动执行一系列 MATLAB 命令和函数，避免在命令窗口重复输入。对于复杂计算，采用命令 M 文件最为合适。

命令 M 文件的构成比较简单，只是一串按用户意图排列而成的 MATLAB 指令集合。命令 M 文件中的命令可以访问 MATLAB 工作区中的所有变量，命令 M 文件运行后，产生的所有变量都驻留在 MATLAB 工作空间中，只要用户不使用清除（clear）指令，MATLAB 命令窗口不关闭，这些变量将一直保存在基本工作空间中。下面是一个命令 M 文件的例子。

选择 File→New→Script 命令，打开 M 文件编辑器，在编辑窗口中输入以下内容。

```
%文件名为 example
x=4; y=6; z=2;
items=x+y+z
```

命令 M 文件建立好后需要调试运行，查看计算结果。运行命令 M 文件的方法非常简单，首先，将命令 M 文件所处目录加入 MATLAB 的搜索路径，或将命令 M 文件所处目录设为当前路径；其次，在命令窗口中直接输入文件名，注意不要加后缀.m。

下面以 example.m 为例说明命令 M 文件的运行方法。若将 example.m 文件放在自己的工作目录下，那么在运行 example.m 之前，应该先使该目录处于 MATLAB 的搜索路径上，然后在 MATLAB 命令窗口输入"example"即可运行，并显示同命令窗口输入命令一样的结果。运行 example.m 的语句为：

```
>>example
items=
12
```

输出结果为 items=12。

（3）函数 M 文件

如果 M 文件的第一行以关键字 function 开始，则这个文件称为函数 M 文件。在

MATLAB 编辑窗口也可建立函数 M 文件,它们能够像库函数一样被别的 M 文件方便地调用,从而可扩展 MATLAB 的功能。如果对一类特殊的问题建立起许多函数 M 文件,就能形成工具箱。

函数 M 文件与命令 M 文件的主要区别是函数 M 文件可以传递参数或变量,并且函数 M 文件中定义的变量都是局部变量,当函数 M 文件运行结束时,这些变量被清除。

函数 M 文件由以下几个部分组成,图 2-11 所示就是函数 M 文件 linspace.m 的内容。

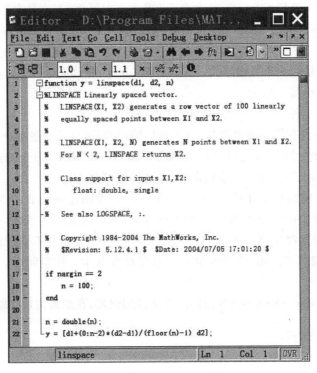

图 2-11 linspace.m 的内容

函数定义行 函数文件的第 1 行用关键字"function"将 M 文件定义为函数,并指定函数名。函数名应与 M 文件名相同,同时也定义了函数的输入输出参数。linspace.m 的函数命令行是图 2-11 中第 1 行。

H1 行 H1 行是帮助文本的第 1 行,它紧跟在定义行之后,以"%"开始,该行通常包含的是大写的函数名,以及这个函数功能的简要描述,例如:%AVERAGE 计算元素的平均值。当在 MATLAB 的命令窗口中使用 lookfor 命令查找相关的函数时,将只显示 H1 行。linspace.m 的 H1 行是图 2-11 中第 2 行。

帮助文本 帮助文本是 H1 行与函数体之间的帮助内容,也是以"%"开始的,用于详细介绍函数的功能和用法,以及其他说明。linspace.m 的帮助文本是图 2-11 中第 3～16 行。

函数体 函数体是函数的主体部分,函数体中包括该函数的全部程序代码,在函数体中包含了对输入参数进行运算并将运算结果赋值给输出参数的 MATLAB 语句,可以包括流程控制、输入输出、计算、赋值、注释、图形功能，以及对其他函数和命令文件的调用。linspace.m的函数体是图2-11中第17～22行。

注释　除了函数M文件开始部分的帮助文本外，可以在函数M文件的任何位置添加注释语句，注释语句可以在一行的开始，也可以跟在一条可执行语句的后面（同一行中）。不管在什么地方，注释语句必须以"%"开始，MATLAB在执行函数M文件时将每一行中"%"后面的内容全部作为注释，不予执行。

函数M文件的结构为：

```
function[输出变量1,输出变量2,…]=函数名(输入变量1,输入变量2,…)
%H1行
%帮助文本
函数体语句  %注释
```

函数M文件的运行和命令M文件不同，大致分两步：给输入变量赋值；调用函数M文件。

例 2-3　输出变量只有一个的函数M文件fun1.m。

操作步骤：

选择File→New→Script命令，在M文件编辑器窗口输入下面内容并保存。

```
%文件名为 fun1
function f=fun1(x)      %输出变量只有一个时，输出变量可以不用"[]"括起来
f=100*x;
```

一旦该函数M文件建立，在MATLAB的命令窗口或别的函数M文件里，就可用下列命令调用：

```
>>x=23;
>>f=fun1(x)
f=
   2300
```

例 2-4　输出变量多于一个的函数M文件fun2.m。

操作步骤：

选择File→New→Script命令，在M文件编辑器窗口输入下面内容并保存。

```
%文件名为 fun2
function [F,G]=fun2(x)
F=2*x;
G=3*x;
```

在命令窗口中可用下列命令调用：

```
>>x1=4;
>>[F1,G1]=fun2(x1)
F1 =
```

```
        8
G1 =
       12
```

注意：输出变量如果多于 1 个，则应该用方括号括起来，变量之间应该用逗号隔开；当函数无输出参数时，输出参数项空缺或者用空的中括号表示，如 function results(x)或 function[]＝results(x)。

2.2.4　程序控制语句

MATLAB 中除了按正常顺序执行程序中的命令和函数以外，和其他高级语言一样，还提供了 8 种控制程序流程语句，这些语句包括 for、while、if、switch、try、continue、break、return，使得 MATLAB 语言的编程十分灵活。

MATLAB 中的程序控制语句和 C 语言中的程序控制语句格式非常类似，本节将介绍这些控制语句的格式及用法。

1. 条件语句

条件语句包含 if-end 语句、if-else-end 语句、if-elseif-end 语句等。

（1）if-end 语句

```
if      表达式
            语句
end
```

执行过程：首先计算表达式的值，若表达式的值为真（非零值），则执行语句；若表达式的值为假（零值）则不执行语句。

（2）if-else-end 语句

```
if   表达式
     语句 1
else
     语句 2
end
```

执行过程：首先计算表达式的值，若表达式的值为真（非零值），则执行语句 1；若表达式的值为假（零值），则执行语句 2。

（3）if-elseif-end 语句

```
if      表达式 1
        语句 1
elseif   表达式 2
        语句 2
end
```

执行过程：首先计算表达式 1 的值，若表达式 1 的值为真（非零值），则执行语句 1；若表达式 1 的值为假，则计算表达式 2 的值，若表达式 2 的值为真（非零值），则执行语句 2；

若表达式 2 的值为假,则不执行语句 2。

注意:表达式通常使用关系操作符、逻辑操作符、逻辑函数等。

例 2-5　编程计算分段函数 $y = \begin{cases} \cos(x+1) + \sqrt{x+1} & x < 10 \\ x & x = 10 \\ x+1 & x > 10 \end{cases}$。

操作步骤:

选择 File→New→Script 命令,在 M 文件编辑器窗口输入下面内容并保存。

```
%文件名为 e2_5
x=input('请输入 x 的值: ')
if   x<10
y=cos(x+1)+sqrt(x+1);
elseif   x==10
    y=x;
else
    y=x+1;
end
y
```

在命令窗口中运行:

```
>>e2_5
    请输入 x 的值: 4
    x =
        4
    y =
        2.5197
>>e2_5
    请输入 x 的值: 10
    x =
        10
    y =
        10
>>e2_5
    请输入 x 的值: 11
    x =
        11
    y =
        12
```

2. 分支语句

switch-case-end 语句,格式为:

```
switch 表达式
    case 常量表达式
```

```
          语句体 1
      case  {常量表达式 1, 常量表达式 2, …}
          语句体 2
      …
      otherwise
          语句体 n
  end
```

MATLAB 中的 switch-case-end 语句和 C 语言中的 switch 语句的区别在于，MATLAB 中 switch-case-end 语句只执行表达式结果匹配的第一个 case 分支，然后就跳出 switch-case-end 语句。因此，在每一个 case 语句中不用 break 语句跳出。

例 2-6 设计一段程序，输入一个数，然后判断它能否被 5 整除。

操作步骤：
选择 File→New→Script 命令，在 M 文件编辑器窗口输入下面内容并保存。

```
%文件名为 e2_6
clear
n=input('input a number n=');
switch mod(n,5)                %mod 表示取余数
    case 0
          disp([num2str(n),  '是 5 的倍数.\n'])
    otherwise
          disp([num2str(n),  '不是 5 的倍数.\n'])
end
```

在命令窗口中运行：

```
>>e2_6
    input a number n=8
    8 不是 5 的倍数
>>e2_6
    input a number n=5
    5 是 5 的倍数
```

注意：input 是数据输入函数，该函数的调用格式为：

A＝input('提示信息') ％ 其中，"提示信息"为一个字符串，用于提示用户输入什么样的数据。

A＝input('提示信息','s') ％ 如果在 input 函数调用时使用's'选项，则允许用户输入一个字符串。例如，想输入一个人的姓名，可使用命令：

xm= input('What's your name? ','s');

例 2-7 在 switch-case-end 语句中，一条 case 语句列举多个值的实例。

操作步骤：
选择 File→New→Script 命令，在 M 文件编辑器窗口输入下面内容并保存。

```
%文件名为 e2_7
clear
var=3;
switch var
    case 1
        disp('var=1')
    case{2,3,4}
        disp('var=2 or 3 or 4')
    otherwise
        disp('no match')
end
```

在命令窗口中输入：

```
>>e2_7
  var=2 or 3 or 4
```

3. 循环语句

MATLAB 中的循环语句包括 for-end 循环和 while-end 循环两种类型。

(1) for-end 循环

for-end 循环用于循环执行处理某些事件的情况，每执行完一次就根据循环终止条件判断是否继续执行。

for-end 循环格式为：

```
for x=m:s:n
    循环体
end
```

其中，m 是循环初值，s 是步长，n 用于判断循环是否终止，m、s、n 可以取整数、小数、正数和负数，s 的默认值为 1。在执行 for 循环时，向量 m:s:n 的元素被逐一赋给变量 x，然后执行语句体，当循环变量 x 的值不属于向量时退出循环。for 和 end 必须配对使用。

例 2-8 求 $1+2+\cdots+100$。

操作步骤：

选择 File→New→Script 命令，在 M 文件编辑器窗口输入下面内容并保存。

```
%文件名为 e2_8
clear
s=0;
for i=1:100
    s=s+i;
end
s
```

在命令窗口中运行：

```
>>e2_8
s =
    5050
```

例 2-9　用定义计算定积分 $\int_0^1 x^2 \mathrm{d}x$。

分析：当 $f(x)$ 在 $[a,b]$ 上连续时，有：

$$\int_a^b f(x)\mathrm{d}x = \lim_{n\to\infty} \frac{b-a}{n} \sum_{k=0}^{n-1} f\left(a+k\frac{(b-a)}{n}\right) = \lim_{n\to\infty} \frac{b-a}{n} \sum_{k=1}^{n} f\left(a+k\frac{(b-a)}{n}\right)$$

因此将 $\frac{b-a}{n} \sum_{k=0}^{n-1} f\left(a+k\frac{(b-a)}{n}\right)$ 与 $\frac{b-a}{n} \sum_{k=1}^{n} f\left(a+k\frac{(b-a)}{n}\right)$ 作为 $\int_a^b f(x)\mathrm{d}x$ 的近似值。

操作步骤：

选择 File→New→Script 命令，在 M 文件编辑器窗口输入下面内容并保存。

```
%文件名为 e2_9
n=128,x=0:1/n:1;
left_sum=0; right_sum=0;
for i=1:n
    left_sum=left_sum+x(i)^2 * (1/n);
    right_sum=right_sum+x(i+1)^2 * (1/n);
end
left_sum
right_sum
```

在命令窗口中输入命令：

```
>>e2_9
n =
    128
left_sum =
    0.3294
right_sum =
    0.3372
```

这是 $\int_0^1 x^2 \mathrm{d}x$ 的近似值，且有 left_sum$< \int_0^1 x^2 \mathrm{d}x <$right_sum。

例 2-10　生成一个 4×3 矩阵 $A, A(i,j)=i^2+j^2$。

操作步骤：

选择 File→New→Script 命令，在 M 文件编辑器窗口输入下面内容并保存。

```
%文件名为 e2_10
clear
%为了得到最大的速度, 在 for 循环(while 循环)被执行之前, 应预先分配矩阵
```

```
A=zeros(4, 3);
for i=1:4
    for j=1:3
        A(i, j)=i^2+j^2;
    end
end
A
```

在命令窗口中运行：

```
>>e2_10
A =
     2     5    10
     5     8    13
    10    13    18
    17    20    25
```

（2）while-end 循环

while-end 循环也用于循环执行某些语句，它与 for 循环不同的是，在执行循环体之前先判断循环执行的条件，如果条件成立则执行；否则中止循环。

while-end 循环格式为：

```
while 表达式
    循环体
end
```

其执行方式为：只要表达式的值为真，循环体就重复执行，while 和 end 必须配对使用。

例 2-11　计算前 n 个自然数的和，直到和大于等于 100。

操作步骤：

选择 File→New→Script 命令，在 M 文件编辑器窗口输入下面内容并保存。

```
%文件名为 e2_11
clear
n=0;
s=0;
while s<100
    n=n+1;
    s=s+n;
end
disp(['1~', num2str(n), '的和刚大于 100, 和为 ', num2str(s)])
```

在命令窗口中运行：

```
>>e2_11
1~14 的和刚大于 100, 和为 105
```

注意：

（1）disp 为命令窗口输出函数，其调用格式为：

disp(输出项)　　% 其中输出项既可以为字符串，也可以为矩阵

（2）num2str 为数据类型转换函数，其调用格式为：

num2str(n)　　% 将数值 n 转换成字符串

4．其他流程控制语句

（1）continue 语句

continue 语句用在 for 循环和 while 循环中，其作用就是终止一次循环的执行，跳过循环体中所有剩余的语句，继续下一次循环。在嵌套循环中，continue 语句控制执行本嵌套中的下一次循环。

（2）break 语句

break 语句用于终止 for 循环和 while 循环的执行。如果遇到 break 语句，则退出循环体，执行循环体外的下一行语句。在嵌套循环中，break 语句只存在于最内层的循环中。

（3）return 语句

return 语句用于终止当前的命令序列，并返回到调用的函数或键盘，也用于终止 keyboard 方式。在 MATLAB 中，被调用的函数运行结束后会自动返回到调用函数，使用 return 语句时将 return 语句插入被调用函数的某一位置，根据某种条件迫使被调用函数提前结束并返回到调用函数。

在计算行列式的函数中，可以用 return 语句处理如空矩阵之类的特殊情况。

例 2-12　求 [50,100] 之间第一个能被 19 整除的整数。

操作步骤：

选择 File→New→Script 命令，在 M 文件编辑器窗口输入下面内容并保存。

```
% 文件名为 e2_12
clear
for n=50:100
    if rem(n,19)~=0   % 求 n 处以 19 的余数
        continue
    end
    break
end
n
```

在命令窗口中运行：

```
>>e2_12
n =
  57
```

例 2-13　提取字符串"The answer is p＝2,q＝5"中的全部字母。

操作步骤：

选择 File→New→Script 命令，在 M 文件编辑器窗口输入下面内容并保存。

```
%文件名为 e2_13
clear
str='The answer is p=2,q=5';
result=[];
for i=1:length(str)
    if(isletter(str(i)))
        result=[result,str(i)];
    else
        continue;
    end
end
result
```

在命令窗口中输入：

```
>>e2_13
result =
Theanswerispq
```

例 2-14　实现循环输入数字，直到输入负数。

操作步骤：

选择 File→New→Script 命令，在 M 文件编辑器窗口输入下面内容并保存。

```
%文件名为 e2_14
clear
while 1
    n=input('please input a number:');
    if n<0
        disp('negative number')
        return
    else
        disp(n)
    end
end
```

在命令窗口中输入：

```
>>e2_14
please input a number:2
    2
please input a number:5
    5
please input a number:6
```

```
          6
please input a number:-1
negative number
```

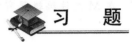 习　题

1. MATLAB 系统由哪几部分组成？

2. 如何打开 M 文件编辑器？

3. 如何添加搜索路径？如何设置当前路径？

4. MATLAB 有几种获得帮助的方法？

5. MATLAB 中的数据类型有哪些？试举例说明。

6. 创建一个数组，求其长度，并取出其中奇数下标的元素。

7. 建立一个函数 M 文件实现返回两个数中较大的那个的功能，并建立命令 M 文件调用该函数。

8. 求 10～100 间能被 3 整除的数。

9. 编写函数 M 文件，实现对给定百分制成绩返回成绩等级，90 分以上为 A，80～89 分为 B，70～79 分为 C，60～69 分为 D，60 分以下为 E。

10. 用梯形法求积分 $\int_1^3 x\,\mathrm{d}x$。

11. 创建 double、struct、cell 类型变量，并保持在数据文件 data.mat 中。

第3章

◆ 矩 阵 运 算

MATLAB 的所有数值计算都是以(复)矩阵为基本单元进行的,向量和标量都作为特殊的矩阵来处理,向量看做是仅有一行或一列的矩阵,标量看做是 1×1 的矩阵。

MATLAB 中数组和矩阵是两个不同的概念,确切地说,矩阵是数组的一个特例,是二维的数值型数组,表示了一种线性变换的关系,线性代数就是定义在矩阵概念上的数学运算。在 MATLAB 中从运算的角度看,矩阵运算从矩阵的整体出发,采用线性代数的运算规则;数组运算从数据的元素出发,针对每个元素进行运算。本书不再区分数组运算和矩阵运算,统称做矩阵运算,将数组运算作为矩阵中的点运算来处理。

MATLAB 中矩阵的运算功能是最全面、最强大的,本章首先介绍矩阵的表示和创建;其次介绍矩阵的相关运算;最后介绍矩阵的特殊操作。

3.1 矩阵的创建

在 MATLAB 使用过程中,不需要对创建的变量对象给出类型说明和维数说明,变量的类型是由其值的类型决定的,并且所有的变量都作为双精度的矩阵来分配内存空间。

创建矩阵时应遵循以下原则:①矩阵的元素必须在方括号"[]"中;②矩阵的同行元素之间用空格或逗号","分隔;③矩阵的行与行之间用分号";"或回车符分隔。

注意:

(1) 矩阵的尺寸不必预先定义。

(2) 矩阵元素可以是数值、变量、表达式或函数。

(3) 无任何元素的空矩阵也是合法的。

创建矩阵的方法有以下几种。

(1) 在命令窗口中直接输入元素序列创建矩阵。

(2) 在 M 文件中用 MATLAB 语句创建矩阵。

(3) 通过 MATLAB 内部函数创建矩阵。

(4) 通过外部数据文件导入创建矩阵。

1. 直接输入法

最简单的创建矩阵的方法是在命令窗口中直接输入矩阵的元素序列,具体方法如下。将矩阵的元素用方括号括起来,按矩阵行的顺序输入各元素,矩阵的同行元素之间用空格或逗号","分隔,矩阵的行与行之间元素用分号";"或回车符分隔。

例 3-1 用直接输入法创建矩阵。

操作步骤：

```
>>X=[1 2 3;4 5 6;7 8 9]
  X=
    1   2   3
    4   5   6
    7   8   9
>>Y=[1, 2, 3;4, 5, 6;7, 8, 9]
  Y=
    1   2   3
    4   5   6
    7   8   9
>>Z=[sin(pi/2), 8 * 4;log(10), exp(2)]
  Z =
    1.0000   32.0000
    2.3026    7.3891
```

一旦用直接输入法创建了矩阵,它就被自动存储在 MATLAB 工作空间中,可以简单地使用矩阵名来访问它,如"X"。

2. 通过 M 文件创建矩阵

当矩阵的数据规模较大时,直接输入法就有些力不从心了,容易出现差错也不容易修改。因此可以使用 M 文件生成矩阵,具体方法是:创建一个 M 文件,其内容是生成矩阵的命令,在 MATLAB 的命令窗口中输入此文件名,即可将矩阵调入工作空间中(写入内存)。

例 3-2 用建立 M 文件的方式生成矩阵。

操作步骤：

(1) 选择 File→New→Script 命令,输入下面内容并保存。

```
%文件名为 mydata
A=[1, 2, 3; 4, 5, 6; 7, 8, 9]
```

(2) 在命令窗口中运行 M 文件 mydata.m:

```
>>mydata
```

则生成矩阵 A。

3. 通过函数创建矩阵

MATLAB 中提供了一些内部函数来生成特殊矩阵,如 eye 生成单位阵,zeros 生成全零阵等。常用的生成特殊矩阵的函数将在 3.3.1 小节介绍。

4．通过数据文件创建矩阵

在 MATLAB 中，还可以通过读入外部数据文件来生成矩阵。外部数据文件包括以前 MATLAB 生成矩阵存储成的二进制文件、包含数值数据的文本文件、Excel 数据表、图像文件、声音文件等。相关函数如 xlsread、xlswrite、imread、imwrite、wavread、wavwrite 等。

在文本文件中，数据必须排列成矩阵形式，数据之间用空格分隔，文件的每行仅包含矩阵的一行，并且每行的元素个数必须相等。

例 3-3 有文本文件"data.txt"内容如下，通过此文件创建矩阵。

$$1.1 \quad 3 \quad 4$$
$$2.3 \quad 2 \quad 1$$

操作步骤：

```
>>load data.txt          %将"data.txt"的内容导入工作空间
>>data                   %查看变量 data
data =
    1.1000    3.0000    4.0000
    2.3000    2.0000    1.0000
```

3.2 矩 阵 运 算

本节主要介绍矩阵的算术运算、关系运算、逻辑运算和常用的有关矩阵的其他运算（矩阵的逆、矩阵的秩、矩阵的分解等）。

3.2.1 矩阵的算术运算

矩阵的算术运算主要包括加、减、乘、除、点乘、点除、点幂、转置等，下面逐一介绍。

1．矩阵的加（＋）、减（－）运算

$A \pm B$　计算矩阵 A 和矩阵 B 的和与差，即矩阵相应位置的元素相加、减。进行加减运算的矩阵要求维数相同，即行数和列数分别相等，如果 A 与 B 大小不同，MATLAB 将给出错误信息。A 和 B 其中之一可以是标量，表示矩阵中的每个元素分别与标量相加减，结果为矩阵。

例 3-4　$A = \begin{bmatrix} 1 & 2 & 3 \\ 2 & 3 & 4 \\ 3 & 4 & 5 \end{bmatrix}, B = \begin{bmatrix} 3 & 2 & 4 \\ 2 & 5 & 3 \\ 2 & 3 & 1 \end{bmatrix}$，求 $A+B$，$A-2$。

操作步骤:

```
>>A=[1, 2, 3;2, 3, 4;3, 4, 5];
>>B=[3, 2, 4;2, 5, 3;2, 3, 1];
>>C1=A+B
C1 =
     4     4     7
     4     8     7
     5     7     6
>>C2=A-2
C2 =
    -1     0     1
     0     1     2
     1     2     3
```

例 3-5 两个矩阵 $A=\begin{bmatrix} 1 & 2 & 3 \\ 2 & 3 & 4 \\ 3 & 4 & 5 \end{bmatrix}$,$B=\begin{bmatrix} 1 & 2 & 3 \end{bmatrix}$,维数不同,求两者相减的差。

操作步骤:

```
>>A=[1,2,3;2,3,4;3,4,5];
>>B=[1,2,3];
>>A-B
??? Error using ==>minus
Matrix dimensions must agree
```

由于相减的两矩阵维数不同,不符合运算规则,故系统给出错误提示。

2. 矩阵的乘（＊）和点乘（．＊）运算

A＊B 计算矩阵 A 和 B 的乘积。A 和 B 其中之一可以是标量,表示该标量与另一个矩阵每个元素相乘。当 A、B 均为矩阵时,要求第一个矩阵的列数和第二个矩阵的行数相等。

A．＊B 矩阵 A 和 B 的对应位置元素相乘,要求 A 和 B 维数相同。A 和 B 其中之一可以为标量,表示该标量与另一个矩阵每个元素相乘。

例 3-6 $A=\begin{bmatrix} 1 & 2 & 3 \\ 2 & 3 & 4 \\ 3 & 4 & 5 \end{bmatrix}$,$B=\begin{bmatrix} 3 & 2 & 4 \\ 2 & 5 & 3 \\ 2 & 3 & 1 \end{bmatrix}$,求 $A＊5$,$A．＊5$,$A＊B$,$A．＊B$。

操作步骤:

```
>>A=[1, 2, 3;2, 3, 4;3, 4, 5];
>>B=[3, 2, 4;2, 5, 3;2, 3, 1];
>>C1=A＊5
C1 =
```

```
         5       10      15
        10       15      20
        15       20      25
>>C2=A.*5
C2 =
         5       10      15
        10       15      20
        15       20      25
>>C3=A*B
C3 =
        13       21      13
        20       31      21
        27       41      29
>>C4=A.*B
C4 =
         3        4      12
         4       15      12
         6       12       5
```

3. 矩阵的左除（\）、右除（/）和点除（.\, ./）运算

A\B　相当于 inv(A)*B(A 的逆阵左乘 B)，可以利用矩阵左除求解线性方程组 AX=b，X=A\b。如果 A 为奇异阵或接近奇异，MATLAB 将会给出警告信息。

A/B　大体相当于 A*inv(B)，但在计算方法上存在差异，更精确地，A/B=(B'\A')'。

A./B　矩阵 A 的元素除以矩阵 B 的对应元素，即等于[A(i,j)/B(i,j)]，要求 A 和 B 为同维矩阵，或其中之一为标量。

A.\B　矩阵 B 的元素除以矩阵 A 的对应元素，即等于[B(i,j)/A(i,j)]，要求 A 和 B 为同维矩阵，或其中之一为标量。

同阶对应元素进行相除 A./B=B.\A。

例 3-7 $A=\begin{bmatrix} 1 & 2 & 3 \\ 0 & 1 & 0 \\ 3 & 2 & 1 \end{bmatrix}, B=\begin{bmatrix} 1 \\ 2 \\ 1 \end{bmatrix}, C=\begin{bmatrix} 1 & 2 & 3 \\ 4 & 5 & 6 \\ 3 & 4 & 2 \end{bmatrix}$，求 A\B，B/A，A./C，A.\C。

操作步骤：

```
>>A=[1, 2, 3;0, 1, 0;3, 2, 1];
>>B=[1;2;1];
>>C=[1, 2, 3;4, 5, 6;3, 4, 2];
>>C1=A\B
C1 =
  -0.7500
   2.0000
  -0.7500
>>B=B'
B =
```

```
        1    2    1
>>C2=B/A
C2 =
0.2500   1.0000    0.2500
>>C4=A./C
C4 =
    1.0000   1.0000   1.0000
         0   0.2000        0
    1.0000   0.5000   0.5000
>>C3=A.\C
C3 =
    1    1    1
  Inf    5  Inf
    1    2    2
```

注意：在 A.\C 的结果中，"Inf"表示无穷大，在 MATLAB 中，被零除或浮点溢出都不按错误处理，只是给出警告信息，同时用"Inf"标记。

4. 矩阵的幂（^）运算

A^B A 的 B 次幂。

（1）A 和 B 都是标量时，表示标量 A 的 B 次幂。

（2）A 为矩阵，B 为标量时要求 A 必须是方阵。

① B 为正整数时，幂运算即为矩阵 A 的自乘运算，B 为自乘次数。

② B 为负整数时，幂运算为 A^{-1} 的自乘运算，$-B$ 为矩阵自乘的次数。

③ 当 B 为非整数的标量时，$A\text{\textasciicircum}B=V*\begin{bmatrix} \lambda_1^B & & \\ & \ddots & \\ & & \lambda_n^B \end{bmatrix}*V^{-1}$ 其中 V 为方阵 A 的特征向量矩阵，$D=\begin{bmatrix} \lambda_1 & & \\ & \ddots & \\ & & \lambda_n \end{bmatrix}$ 为方阵 A 的特征值对角矩阵。

（3）当 A 为标量，B 为矩阵时，要求 B 为方阵。$A\text{\textasciicircum}B=V*\begin{bmatrix} A^{\lambda_1} & & \\ & \ddots & \\ & & A^{\lambda_n} \end{bmatrix}*V^{-1}$，其中 V 为方阵 B 的特征向量矩阵，$D=\begin{bmatrix} \lambda_1 & & \\ & \ddots & \\ & & \lambda_n \end{bmatrix}$ 为方阵 B 的特征值对角矩阵。

（4）A 和 B 都是矩阵时，无定义。

5. 矩阵的点幂（.^）运算

A.^B 等于[A(i,j)^B(i,j)]，A 和 B 维数相同或其中一个为标量。

例 3-8　$A=\begin{bmatrix}1&2&3\\2&1&2\\3&3&1\end{bmatrix}$，$B=\begin{bmatrix}3&2&4\\2&5&3\\2&3&1\end{bmatrix}$，$p=3$，求：$A^3$，$A^{1.5}$，$[V,D]=\text{eig}(A)$，

$C=V*(D.^{1.5})*V^{\wedge}(-1)$，$A.^B$，$3.^A$。

操作步骤：

```
>>A=[1, 2, 3;2, 1, 2;3, 3, 1];
>>B=[3, 2, 4;2, 5, 3;2, 3, 1];
>>A^3
ans =
    70    71    78
    62    61    62
    84    84    76
>>[V, D]=eig(A)    %eig为特征值分解函数,含义为求矩阵的A的特征向量矩阵V和特征值对
                    角阵D,详见3.2.4小节中函数介绍
V =
   -0.5841   -0.7071    0.7071
   -0.4919    0.0000   -0.7071
   -0.6456    0.7071   -0.0000
D =
    6.0000         0         0
         0   -2.0000         0
         0         0   -1.0000
>>A^1.5
ans =
    4.9865 -1.3464i    4.9865 -0.3464i    4.9865 +1.4821i
    4.1991 +0.2857i    4.1991 -0.7143i    4.1991 +0.2857i
    5.5114 +1.0607i    5.5114 +1.0607i    5.5114 -1.7678i
>>V * (D.^1.5) * V^(-1)
ans =
    4.9865 -1.3464i    4.9865 -0.3464i    4.9865 +1.4821i
    4.1991 +0.2857i    4.1991 -0.7143i    4.1991 +0.2857i
    5.5114 +1.0607i    5.5114 +1.0607i    5.5114 -1.7678i
>>A.^B
ans =
     1     4    81
     4     1     8
     9    27     1
>>3.^A
ans =
     3     9    27
     9     3     9
    27    27     3
```

6. 矩阵的转置(')运算

A'　矩阵的转置是将矩阵的行换成同序数的列,得到新矩阵。如果 A 是复矩阵,则

运算结果是共轭转置。

A.' 也表示矩阵 A 的转置,当 A 为复矩阵时,不求共轭。

例 3-9　$A = \begin{bmatrix} 1+2i & 2 \\ 1 & i \end{bmatrix}, B = \begin{bmatrix} 1 & 2 \\ 3 & 4 \end{bmatrix}$,求:$A'$,$A.'$,$B'$,$B.'$。

操作步骤:

```
>>A=[1+2i, 2;1, i]
>>A'
ans =
    1.0000 - 2.0000i   1.0000
    2.0000             0 - 1.0000i
>>A.'
ans =
    1.0000 + 2.0000i   1.0000
    2.0000             0 + 1.0000i
>>B=[1, 2;3, 4];
>>B'
ans =
    1    3
    2    4
>>B.'
ans =
    1    3
    2    4
```

3.2.2　矩阵的关系运算

MATLAB 提供了 6 种关系运算符,用于比较两个同维矩阵的对应位置元素,结果为同维的 0-1 矩阵,1 表示比较结果为真,0 表示比较结果为假。其中一个操作为标量时,表示该标量与矩阵的每个元素进行关系运算,结果为与操作数矩阵同维的 0-1 矩阵,它们是:

    $<$　　小于

    $<=$　小于等于

    $>$　　大于

    $>=$　大于等于

    $==$　等于

    $\sim=$　不等于

例 3-10　$a = [-1, 3, 0]$,$b = [5, 3, -6]$,求 $a < b$,$a >= b$,$a == b$,$a \sim= b$,$a <= 0$。

操作步骤:

```
>>a=[-1, 3, 0];b=[5, 3, -6];
```

```
>>a<b
ans =
    1    0    0
>>a>=b
ans =
    0    1    1
>>a==b
ans =
    0    1    0
>>a~=b
ans =
    1    0    1
>>a<=0
ans =
    1    0    1
    1    1    0
```

3.2.3　矩阵的逻辑运算

MATLAB 提供了 3 种逻辑运算符,即与 &(AND)、或 |(OR)、非 ~(NOT),它们的定义如下。

A&B　对同阶矩阵中的对应元素进行逻辑与运算,结果是 0-1 矩阵,A 和 B 的对应元素都为非零时,结果为 1,否则为 0。若一个是标量,则标量逐个与矩阵中的每个元素进行逻辑与运算。

A|B　对同阶矩阵中的对应元素进行逻辑或运算,结果是 0-1 矩阵,A 和 B 的对应元素至少一个非零时,结果为 1,否则为 0。若一个是标量,则标量逐个与矩阵中的每个元素进行逻辑或运算。

~A　对单个矩阵或标量进行取反运算,结果是 0-1 矩阵。

例 3-11　$A = \begin{bmatrix} 1 & 0 & 3 \\ 2.6 & 1 & 2 \\ 0 & 3 & 1 \end{bmatrix}, B = \begin{bmatrix} 1 & 2 & 0 \\ 0 & 5 & 0 \\ 1 & 0 & 1 \end{bmatrix}$,计算 $A\&B, A|B, \sim A$。

操作步骤:

```
>>A=[-1, 0, 3;2.6, 1, 2;0, 3, 1];
>>B=[1, 2, 0;0, 5, 0;1, 0, 1];
>>A&B
ans =
    1    0    0
    0    1    0
    0    0    1
>>A|B
ans =
    1    1    1
    1    1    1
```

```
        1    1    1
>>~A
ans =
        0    1    0
        0    0    0
        1    0    0
```

3.2.4 矩阵函数

1. 矩阵的共轭

MATLAB 中求矩阵的共轭矩阵的函数是 conj,其调用格式如下。

B=conj(A)　求矩阵 A 的共轭矩阵 B,复数矩阵的共轭与复数的共轭类似,复数矩阵的共轭矩阵与复数矩阵的实部相同,虚部相反。

例 3-12　$A=\begin{bmatrix} 1+2i & 2 \\ 1 & i \end{bmatrix}$,$B=\begin{bmatrix} 1 & 2 \\ 3 & 4 \end{bmatrix}$,求 A、B 的共轭矩阵。

操作步骤:

```
>>A=[1+2i, 2;1, i];
>>B=[1, 2;3, 4]
>>conj(A)
ans =
   1.0000 - 2.0000i   2.0000
   1.0000             0 - 1.0000i
>>conj(B)
ans =
     1    2
     3    4
```

2. 矩阵的逆和伪逆

B=inv(A)　求矩阵 A 的逆。要求矩阵 A 是方阵且是非奇异的,如果 A 是病态的或接近奇异的,则会给出警告信息。

B=pinv(A)　求矩阵 A 的伪逆。如果 A 不是方阵或 A 是奇异阵,则可以用函数 pinv(A)求得 A 的伪逆。伪逆只有逆的某些性质,与逆不同。其求解是建立在奇异值分解和将小于默认误差的奇异值当做 0 的基础上计算的,且满足 A * B * A = A,B * A * B=B,A * B 和 B * A 是 Hermite 阵(对角线上的数均为实数,其他(i,j)、(j,i)位置上的两个数字互为共轭)。

在实际应用中很少显式地使用矩阵的逆。在 MATLAB 中很少使用求逆法 x=inv(A) * b 来求线性方程组 Ax = b 的解,而使用矩阵除法 x = A\b 来求解。因为 MATLAB 设计函数 inv 时,采用的是高斯消去法,而设计除法求解线性方程组时并不求逆,而是直接用高斯消去法求解,有效减少了残差,并提高了求解速度。因此 MATLAB

推荐尽量使用除法运算,少用求逆运算。

例 3-13 矩阵的逆和伪逆。

操作步骤:

```
>>A=magic(3)          %magic(n)函数返回一个由整数 1 到整数 n² 组成的 n×n 矩阵
                      %该矩阵的各行与各列元素的和相等, n≥3
A =
    8    1    6
    3    5    7
    4    9    2
>>B=inv(A)
B =
    0.1472   -0.1444    0.0639
   -0.0611    0.0222    0.1056
   -0.0194    0.1889   -0.1028
>>A * B
ans =
    1.0000         0   -0.0000
   -0.0000    1.0000         0
    0.0000         0    1.0000
>>C=rand(2, 3)
C =
    0.8147    0.1270    0.6324
    0.9058    0.9134    0.0975
>>D=pinv(C)
D =
    0.5492    0.2421
   -0.6520    0.9075
    1.0047   -0.4941
>>C * D * C
ans =
    0.8147    0.1270    0.6324
    0.9058    0.9134    0.0975
>>D * C *
ans =
    0.5492    0.2421
   -0.6520    0.9075
    1.0047   -0.4941
>>C * D
ans =
    1.0000    0.0000
    0.0000    1.0000
>>D * C
ans =
    0.6668    0.2909    0.3709
    0.2909    0.7461   -0.3238
    0.3709   -0.3238    0.5871
```

3. 矩阵的秩

r＝rank(A)　求矩阵 A 的秩 r,矩阵的秩是指矩阵的行(列)向量的极大无关组所包含的向量的个数或矩阵的非零子式的最大阶数。

例 3-14　求矩阵的秩。

操作步骤：

```
>>r1=rank(eye(3))    %eye(3) 生成 3×3 的单位阵
r1 =
     3
>>r2=rank(magic(3))
r2 =
     3
>>r3=rank(ones(3))    %eye(3) 生成 3×3 的全 1 阵
r3 =
     1
>>r4=rank(zeros(3))    %eye(3) 生成 3×3 的全 0 阵
r4 =
     0
>>r4=rank(A)
r4 =
     4
```

4. 矩阵的特征值、特征向量

MATLAB 中,求方阵的特征值和特征向量的函数为 eig,调用格式如下。

e＝eig(A)　求方阵 A 的特征值组成的列向量 e。

[V,D]＝eig(A)　求得方阵 A 的特征值组成的对角阵 D 和特征向量矩阵 V,方阵 A 的第 k 个特征值对应的特征向量为矩阵 V 的第 k 列向量,满足 A * V＝V * D。

[V,D]＝eig(A,B)　求得方阵 A 和 B 的广义特征值组成的对角阵 D 和特征向量矩阵 V,并满足 A * V＝B * V * D。

例 3-15　$A＝magic(3)$,B 是 3×3 的单位阵,求 A 的特征值分解,A 和 B 的广义特征值分解。

操作步骤：

```
>>A=magic(3)       %魔方矩阵
A =
     8     1     6
     3     5     7
     4     9     2
>>[V, D]=eig(A)
V =
```

```
    -0.5774    -0.8131    -0.3416
    -0.5774     0.4714    -0.4714
    -0.5774     0.3416     0.8131
D =
   15.0000         0         0
        0     4.8990         0
        0         0    -4.8990
>>A * V-V * D
ans =
  1.0e-014 *

   -0.1776     0.6661     0.0888
    0.3553    -0.3109    -0.0888
   -0.3553    -0.3553    -0.1332
        0         0         0
>>B=eye(3)            %生成 3×3 的单位阵
B =
    1    0    0
    0    1    0
    0    0    1
>>[V, D]=eig(A, B)
V =
    1.0000    -1.0000    -0.4202
    1.0000     0.5798    -0.5798
    1.0000     0.4202     1.0000
D =
   15.0000         0         0
        0     4.8990         0
        0         0    -4.8990
>>A * V-B * V * D
ans =
  1.0e-014 *
   -0.5329     0.5329    -0.0888
   -0.8882    -0.1332     0.0444
   -0.3553     0.1332     0.0888
```

5.矩阵的分解

(1) LU 分解

LU 分解是将矩阵 A 分解为两个矩阵的乘积,其中一个是下三角矩阵置换后的矩阵;另一个是上三角矩阵。MATLAB 实现 LU 分解的函数是 lu。

[L,U]=lu(A)　将矩阵 A 分解为下三角矩阵的置换矩阵 L 和上三角矩阵 U,并满足 A=L * U。

[L,U,P]=lu(A)　将矩阵 A 分解为下三角矩阵 L,上三角矩阵 U 和置换矩阵 P,并满足 P * A=L * U。

例 3-16　对 3 阶随机阵进行 LU 分解。

操作步骤：

```
>>A=rand(3);    %随机阵
>>[L, U]=lu(A)
L =
    0.8995    1.0000         0
    1.0000         0         0
    0.1402    0.0258    1.0000
U =
    0.9058    0.6324    0.5469
         0    0.3446   -0.2134
         0         0    0.8863
>>L*U-A
ans =
  1.0e-016 *
         0         0         0
         0         0         0
    0.2776         0         0
>>[L, U, P]=lu(A)
L =
    1.0000         0         0
    0.8995    1.0000         0
    0.1402    0.0258    1.0000
U =
    0.9058    0.6324    0.5469
         0    0.3446   -0.2134
         0         0    0.8863
P =
    0    1    0
    1    0    0
    0    0    1
>>P*A-L*U
ans =
  1.0e-016 *
         0         0         0
         0         0         0
   -0.2776         0         0
```

（2）Cholesky 分解

一个对称正定矩阵可以分解为一个上三角矩阵和一个下三角矩阵的乘积，这种分解称为 Cholesky 分解。MATLAB 实现 Cholesky 分解的函数是 chol。

R＝chol(A)求上三角矩阵 R，满足 R'＊R＝A。

由于 chol 只能分解对称正定矩阵，因此使用 chol 之前应先通过检查 A 的特征值是否为正判断 A 是否为对称正定矩阵。

例 3-17　Cholesky 分解。

操作步骤：

```
>>A=[2, 2, -2;2, 5, -4;-2, -4, 5]
    A =
       2     2    -2
       2     5    -4
      -2    -4     5
>>e=eig(A)
    e =
       1.0000
       1.0000
      10.0000
>>R=chol(A)
    R =
        1.4142    1.4142   -1.4142
             0    1.7321   -1.1547
             0         0    1.2910
>>R'*R
    ans =
        2.0000    2.0000   -2.0000
        2.0000    5.0000   -4.0000
       -2.0000   -4.0000    5.0000
```

（3）QR 分解

QR 分解是将矩阵分解为一个正交矩阵和一个上三角矩阵的乘积。MATLAB 中实现 QR 分解的函数是 qr。

[Q,R]=qr(A) 将矩阵 A 分解为正交矩阵 Q 和上三角矩阵 R,且满足 A＝Q＊R。

例 3-18 QR 分解。

操作步骤：

```
>>A=rand(2, 3)
A =
    0.9649    0.9706    0.4854
    0.1576    0.9572    0.8003
>>[Q, R]=qr(A)
Q =
   -0.9869   -0.1612
   -0.1612    0.9869
R =
   -0.9777   -1.1122   -0.6080
        0    0.7882    0.7116
>>Q'*Q
ans =
```

```
     1.0000    -0.0000
    -0.0000     1.0000
>>Q * R
ans =
     0.9649     0.9706     0.4854
     0.1576     0.9572     0.8003
```

（4）SVD 奇异值分解

MATLAB 实现奇异值分解的函数是 svd。

s＝svd(A)　　s 为矩阵 A 的奇异值组成的列向量。

[U,S,V]＝svd(A)　　将矩阵 A 分解为 3 个矩阵的乘积，即 A＝U ∗ S ∗ V'，其中 U 和 V 是正交矩阵，S 是一个对角矩阵，其对角元素为矩阵 A 奇异值的降序排列。

例 3-19　SVD 奇异值分解。

操作步骤：

```
>>A=rand(3)
A =
     0.1419     0.7922     0.0357
     0.4218     0.9595     0.8491
     0.9157     0.6557     0.9340
>>s=svd(A)
s =
     2.0323
     0.6447
     0.2523
>>[U, S, V]=svd(A)
U =
    -0.2963    -0.8056    -0.5131
    -0.6539    -0.2205     0.7237
    -0.6962     0.5499    -0.4615
S =

     2.0323          0          0
          0     0.6447          0
          0          0     0.2523
V =
    -0.4701     0.4596    -0.7535
    -0.6488    -0.7587    -0.0580
    -0.5984     0.4617     0.6548
>>U * S * V'
ans =

     0.1419     0.7922     0.0357
     0.4218     0.9595     0.8491
     0.9157     0.6557     0.9340
```

6．其他矩阵函数（见表 3-1）

表 3-1　其他矩阵函数

函　数	功　能	函　数	功　能
det(A)	求矩阵的行列式的值	cond(A)	求方阵 A 的条件数
norm(A)	求方阵 A 的范数	orth(A)	求矩阵 A 的标准正交基

3.3　矩阵的特殊操作

本节介绍常用的特殊矩阵的生成及矩阵的变换操作。

3.3.1　常用的特殊矩阵

下面介绍一些常用特殊矩阵的生成命令。

1．空矩阵

MATLAB 中定义了一个特殊的矩阵，即空矩阵，空矩阵由下列命令创建。

＞＞A＝[ ]　空阵中不包括任何元素，是 0×0 阶的矩阵。

MATLAB 中还定义了空向量。当 n<1 时，向量 1：n 就是不包含任何元素的空向量，空向量也是空矩阵。利用空矩阵的特性可以从一个矩阵中消去部分行和部分列元素，见 3.3.2 小节。

2．zeros 生成全 0 阵

命令：zeros(n)　生成 n×n 的全 0 阵。

zeros(m,n,p,…)　生成 m×n×p×…阶的全 0 阵。

zeros(size(A))　生成与 A 大小相同的全 0 阵。

3．ones 生成全 1 阵

命令：ones(n)　生成 n×n 的全 1 阵。

ones(m,n,p,…)　生成 m×n×p×…阶的全 1 阵。

ones(size(A))　生成与 A 大小相同的全 1 阵。

4．eye 生成单位阵

命令：eye(n)　生成 n×n 的单位阵。

eye(m,n)　生成 m×n 阶的矩阵，其中主对角线元素为 1，其他元素为 0。

eye(size(A))　生成与 A 大小相同的单位阵。

5．rand 和 randn 生成随机阵

rand 函数生成 0～1 之间均匀分布的随机数，randn 函数生成服从均值为 0，方差为 1 的正态分布的随机数。

命令：rand(n)　生成一个 n×n 的随机阵。

rand(m,n,p,...)　生成 m×n×p×...阶的随机阵。

rand(size(A))　生成与 A 大小相同的随机阵。

rand　不带参数生成一个 0～1 之间的随机数。

randn(n)　生成一个 n×n 阶的正态分布的随机阵。

randn(m,n,p,...)　生成 m×n×p×...阶的正态分布的随机阵。

randn(size(A))　生成与 A 大小相同的正态分布的随机阵。

randn　不带参数生成一个随机数。

3.3.2　矩阵的修改

1. 矩阵的角标

数学上用矩阵元素在矩阵中所处的行、列标号来表示矩阵中每个元素的位置。MATLAB 也用类似的方法来表示，并将行、列标号称为角标，如 A(2,3) 表示矩阵 A 中 2 行 3 列的元素，2 和 3 称为矩阵 A 的角标。角标可以是表达式。矩阵变量名与角标一起决定了矩阵的元素及位置。

A(i,j)　取矩阵 A 中第 i 行、第 j 列的元素。

A(:,j)　取矩阵 A 的第 j 列全部元素。

A(i,:)　取矩阵 A 的第 i 行全部元素。

A(i:i+m,:)　取矩阵 A 第 i～i+m 行的全部元素。

A(:,j:j+m)　取矩阵 A 第 j～j+m 列的全部元素。

A(i:i+m,j:j+m)　取矩阵 A 第 i～i+m 行内的，并在第 j～j+m 列的全部元素。

A([i,j],[m,n])　取矩阵 A 第 i 行、第 j 行中位于第 m 列、第 n 列的元素。

例 3-20　矩阵的角标。

操作步骤：

```
>>A=[1, 2, 3, 4, 5; 6, 7, 8, 9, 10; 11, 12, 13, 14, 15; 16, 17, 18, 19, 20];
  >>A(2:3, 4:5)
ans=
      9   10
     14   15
>>A([1, 2], [2, 4])
ans =
     2    4
     7    9
```

还可以利用一般向量和 end 运算符来表示矩阵角标，end 表示矩阵某维的末尾元素角标。例如：

```
>>A(end, :)   %取 A 最后一行
ans =
```

```
    16     17     18     19     20
>>A([1, 4], 3:end)  %取 A 第 1、4 行中第 3 列到最后一列的元素
ans =
     3     4     5
    18    19    20
```

还有一种经常用到的命令是 A(:)。A(:)在赋值语句的右端表示由矩阵 A 的元素按列的顺序排成的列向量。例如：

```
>>A=[1, 2;3, 4]
>>b=A(:)
b =
     1
     3
     2
     4
```

如果 A(:)出现在赋值语句的左端，表示用一个向量对矩阵 A 进行赋值，此时矩阵 A 必须事先存在。如：A 是上述矩阵，那么 A(:)＝5:8 表示行向量(5,6,7,8)的 4 个元素依次按照列顺序给 A 的元素赋值，保持 A 的维数不变。

```
A=
     5     7
     6     8
```

2. 部分扩充

(1) 单个矩阵的扩充

对一个矩阵的单个元素进行赋值和操作，如：A(3,2)＝200，表示将矩阵 A 的第 3 行第 2 列元素赋值为 200。

如果给出的行值和列值大于原矩阵的行数与列数，MATLAB 自动扩展原矩阵到指定行列大小，扩展后未赋值的元素值为 0。

例 3-21　单个矩阵的扩充。

操作步骤：

```
>>A=[1, 2, 3;4, 5, 6];
>>A(2, 3)=10
A =
     1     2     3
     4     5    10
>>A(4, 5)=10
A =
     1     2     3     0     0
     4     5     6     0     0
     0     0     0     0     0
     0     0     0     0    10
```

（2）多个矩阵组成大矩阵

大矩阵可以由多个小矩阵按行列排列在方括号中建立。例如：

$$A = \begin{bmatrix} 1 & 2 & 3 \\ 4 & 5 & 6 \\ 7 & 8 & 9 \end{bmatrix}, \quad C = [A, \text{eye}(\text{size}(A)); \text{ones}(\text{size}(A)), A], 则$$

$$C = \begin{bmatrix} A & \text{eye}(\text{size}(A)) \\ \text{ones}(\text{size}(A)) & A \end{bmatrix} \quad 即 \quad C = \begin{bmatrix} 1 & 2 & 3 & 1 & 0 & 0 \\ 4 & 5 & 6 & 0 & 1 & 0 \\ 7 & 8 & 9 & 0 & 0 & 1 \\ 1 & 1 & 1 & 1 & 2 & 3 \\ 1 & 1 & 1 & 4 & 5 & 6 \\ 1 & 1 & 1 & 7 & 8 & 9 \end{bmatrix} 。$$

3．矩阵的部分删除

利用空矩阵的特性可以从一个矩阵中删除部分行和部分列元素。如：A 是一个 4×5 阶的矩阵，A（：，[3,4]）＝[] 表示删除 A 的第 3 列和第 4 列元素。

例 3-22 矩阵的部分删除。

操作步骤：

```
>>A=[1, 2, 3;4, 5, 6;7, 8, 9]
A =
    1    2    3
    4    5    6
    7    8    9
>>A([1, 3], :)=[]
A =
    4    5    6
```

4．矩阵的部分修改

当矩阵的角标出现在等号左端时，表示对原矩阵中的部分或全部元素重新赋值。如：A（[1,3]，：）＝B（[1,2]，：）表示将矩阵 A 的第 1、3 行用矩阵 B 的 1、2 行代替。注意表达式两端元素个数必须相同。

例 3-23 矩阵的部分修改。

操作步骤：

```
>>A=[1, 2, 3;4, 5, 6;7, 8, 9];
   >>B=zeros(4, 3);
   >>A([1, 3], :)=B([1, 2], :)
A =
    0    0    0
```

4	5	6
0	0	0

5．矩阵的变维

MATLAB 可以实现矩阵元素的重新排列，以实现矩阵尺寸或维数的变化。根据 MATLAB 矩阵元素的排列顺序规则，重新排列的元素按照先排列，再排行，然后排列第三维，第四维的顺序排列。

命令：C＝reshape(A,m,n,p,…)　　A 为原始矩阵，C 为变维后的矩阵，m、n、p 等分别为新矩阵各维的阶数(行、列等)。新矩阵的各维阶数的乘积必须与原矩阵的各维阶数的乘积相同。

例 3-24　矩阵的变维。

操作步骤：

```
>>A=[1:12];
>>reshape(A, 3, 4)
ans =
    1    4    7    10
    2    5    8    11
    3    6    9    12
>>reshape(A, 2, 3, 2)
ans(:, :, 1) =
    1    3    5
    2    4    6
ans(:, :, 2) =
    7    9    11
    8   10    12
```

6．矩阵的翻转和旋转

对矩阵进行翻转和旋转的函数如下。

B＝fliplr(A)　　对矩阵 A 进行左右翻转生成矩阵 B，如果 A 是行向量，则返回一个大小和 A 相同，元素的排列顺序和 A 相反的行向量；如果 A 是列向量，返回 A 本身。

B＝flipud(A)　　对矩阵 A 进行上下翻转生成矩阵 B，如果 A 是行向量，返回 A 本身；如果 A 是列向量，则返回一个大小和 A 相同，元素的排列顺序和 A 相反的列向量。

B＝flipdim(A,dim)　　矩阵 A 的第 n 维翻转生成矩阵 B，dim＝1 时，行翻转，相当于 flipud；dim＝2 时，列翻转，相当于 fliplr。

B＝rot90(A)　　将矩阵 A 逆时针旋转 90°生成矩阵 B。

B＝rot90(A,k)　　将矩阵 A 逆时针旋转 k * 90°生成矩阵 B，k 是整数。

例 3-25　$A = \begin{bmatrix} 1 & 2 & 3 \\ 4 & 5 & 6 \end{bmatrix}$，对矩阵进行翻转和旋转。

操作步骤：

```
>>A=[1, 2, 3;4, 5, 6] ;
>>flipud(A)
ans =
     4    5    6
     1    2    3
>>flipdim(A, 1)
ans =
     4    5    6
     1    2    3
>>fliplr(A)
ans =
     3    2    1
     6    5    4
>>flipdim(A, 2)
ans =
     3    2    1
     6    5    4
>>rot90(A)
ans =
     3    6
     2    5
     1    4
>>rot90(A, 2)
ans =
     6    5    4
     3    2    1
>>rot90(A, -1)
ans =
     4    1
     5    2
     6    3
```

7. 矩阵的抽取

矩阵的抽取包括：抽取对角线元素（diag），抽取矩阵的上三角（triu）和下三角（tril）部分。函数的调用格式如下。

$b=diag(A,n)$　抽取矩阵 A 的第 n 条对角线生成列向量 b，n>0 时，抽取 A 主对角线上方第 n 条对角线；n<0 时，抽取 A 主对角线下方第 n 条对角线；n=0 或不指定 n 时，b 为 A 的主对角线。

$A=diag(b,n)$　创建对角矩阵 A，使 b 作为 A 的第 n 条对角线，当 n=0 或不指定 n 时，b 为 A 的主对角线。

$B=tril(A,n)$　抽取矩阵 A 的第 n 条对角线下面的部分（含第 n 条对角线）组成矩阵 B，其余位置元素为 0，n 的定义同 diag。

$B=triu(A,n)$　抽取矩阵 A 的第 n 条对角线上面的部分（含第 n 条对角线）组成矩阵 B,其余位置元素为 0,n 的定义同 diag。

例 3-26 $A = \begin{bmatrix} 1 & 2 & 3 \\ 4 & 5 & 6 \end{bmatrix}$,对矩阵进行抽取操作。

操作步骤:

```
>>A=[1, 2, 3;4, 5, 6];
>>b=diag(A, 1)
b =
     2
     6
>>C=diag(b, 1)
C =
     0     2     0
     0     0     6
     0     0     0
>>b=diag(A, -1)
b =
     4
>>B=tril(A, 1)
B =
     1     2     0
     4     5     6
>>B=triu(A)
B =
     1     2     3
     0     5     6
```

习　题

1. 创建矩阵的方法有哪几种？各有什么优缺点？

2. 三角函数运算中,自变量是角度还是弧度？

3. 建立一个复数矩阵,取出实部和虚部组成两个新矩阵,并将这两个矩阵以行的方式合并成一个大矩阵。

4. 建立一个随机矩阵,找出里面所有小于 0.3 的元素。

5. 建立一个 4 阶随机阵,①验证是否可逆,如果可以,求逆阵;②求矩阵的特征向量矩阵和特征值对角阵;③计算各阶顺序主子式;④验证矩阵的特征值之和是否等于矩阵主对角线之和,特征值之积是否等于矩阵的行列式的值。

6. 利用 rand 函数生成由 0~9 的数字组成的随机阵 A,计算 A^2,$A.^2$,将 A 顺时针旋转 $180°$,抽取 A 的第 -1 条对角线以上部分。

7. $A = 1:12$,将 A 变形为 $2*3*2$ 阶的矩阵。

8. $x = -\pi : \pi/10 : \pi$,计算 $y = \sin(x)\exp(x)$。

9. 创建矩阵 A,删除 A 的最后一行。

10. 向量组 $a_1=(2,2,7),a_2=(3,-1,2),a_3=(1,1,3)$ 是否线性相关?

11. 创建一个矩阵,验证行列式和它的转置行列式的值是否相等。

12. 验证行列式是否等于它的任一行(列)的各元素与其对应的代数余子式乘积之和。

13. 设 $A=\begin{bmatrix} 0 & 3 & 3 \\ 1 & 1 & 0 \\ -1 & 2 & 3 \end{bmatrix}$, $AB=A+2B$, 求 B。

14. $A=\begin{bmatrix} 1 & 2 & 3 \\ 2 & 2 & 1 \\ 3 & 4 & 3 \end{bmatrix}$, 用初等变换的方法求矩阵 A 的逆。

第4章 图形绘制

图形绘制是 MATLAB 的一项重要功能,可将工程、科研计算中的大量数据用各种形式的图形表示出来,以对数据的分布、趋势特征有一个直观的了解。本章将介绍如何利用 MATLAB 的绘图功能。

4.1　二维曲线和图形

4.1.1　二维曲线的绘制

plot 是 MATLAB 中最常用的直角坐标系的二维图形绘制函数。plot 函数的 3 种调用格式如下。

(1) plot(y,'s')　若 y 是向量,绘制以(i, y(i))为坐标点的折线。

若 y 是 m∗n 实数矩阵,则对 y 的每列以不同颜色绘制 n 条曲线。

若 y 是复数矩阵,则按列分别以元素实部和虚部为横、纵坐标绘制多条曲线。

(2) plot(x,y,'s')　当 x 和 y 是大小相同的向量时,则 x 为横坐标,y 为纵坐标绘图。

若 x 是向量,y 是某个维数和 x 相等的矩阵,则绘制出多根不同颜色的曲线。曲线条数等于 y 矩阵的另一维数,x 被作为这些曲线共同的横坐标。

若 x、y 是同维矩阵,则以 x、y 对应列元素为横、纵坐标分别绘制曲线,曲线条数等于矩阵的列数。

若 y 为复数矩阵,则为 plot(x,real(y))。

(3) plot(x1,y1,'s1',x2,y2,'s2',...,xn,yn,'sn')　绘制(xi,yi,'si')对应的二维图形。

s 或 si 是所绘图形的线型(见表 4-2)、点型(见表 4-3)和颜色(见表 4-1)的字符串,若省略,则默认为蓝色实细线。

<table>
<tr><th colspan="4">表 4-1　绘图函数中使用的颜色</th></tr>
<tr><th>符　号</th><th>颜　色</th><th>符　号</th><th>颜　色</th></tr>
<tr><td>b</td><td>蓝色(默认)</td><td>r</td><td>红色</td></tr>
<tr><td>y</td><td>黄色</td><td>g</td><td>绿色</td></tr>
<tr><td>m</td><td>品红色</td><td>w</td><td>白色</td></tr>
<tr><td>c</td><td>青色</td><td>k</td><td>黑色</td></tr>
</table>

<table>
<tr><th colspan="2">表 4-2　绘图函数中使用的线型</th></tr>
<tr><th>符　号</th><th>线　型</th></tr>
<tr><td>-</td><td>实线(默认)</td></tr>
<tr><td>:</td><td>点线</td></tr>
<tr><td>-.</td><td>点画线</td></tr>
<tr><td>--</td><td>虚线</td></tr>
</table>

表 4-3　绘图函数中使用的数据点型

符　号	点　型	符　号	点　型
.	实点（默认）	V	向下的三角形
o	圆圈	Λ	向上的三角形
×	叉字符	<	向左的三角形
*	星号 ★	>	向右的三角形
d	菱形"◇"	p	五角星标记"☆"
s	方块"□"	+	十字符
h	六角星		

在设置线型、颜色和点型 3 种属性时应该注意以下几点。

（1）3 种属性的符号必须放在一个字符串中。

（2）可以指定其中的 1 种、2 种或 3 种属性，属性的先后次序无关。

（3）在属性字符串中同一种属性的取值只能有一个。

例 4-1　已知 $y=[4,6,3,9,6,8,6,15,3,2,3]$，试画出以 y 的元素为纵坐标和对应元素的下标为横坐标的二维曲线。

操作步骤：

```
>>y=[4 6 3 9 6 8 6 15 3 2 3];
>>plot(y)
```

其结果如图 4-1 所示。

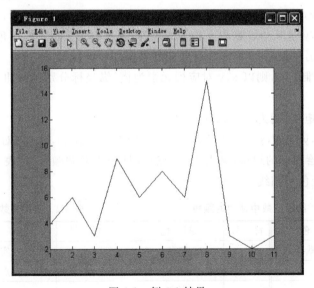

图 4-1　例 4-1 结果

例 4-2 绘制 $[-\pi, \pi]$ 上的正弦曲线。

操作步骤：

```
>>x =-pi:.1:pi;
>>y =sin(x);
>>plot(x,y)
```

其结果如图 4-2 所示。

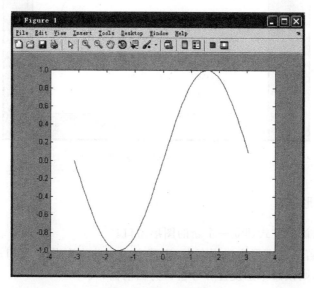

图 4-2　例 4-2 结果

例 4-3 用红色虚线绘制函数 $y = \tan(\sin x) - \sin(\tan x)$ 的图像，并在取值点用方块标注。

操作步骤：

```
>>x =-pi:pi/10:pi;
>>y =tan(sin(x)) -sin(tan(x));
>>plot(x,y,'--rs')
```

其结果如图 4-3 所示。

4.1.2　图形窗口

在 MATLAB 中，绘制的图形显示在一个独立的窗口中，这个窗口称为图形窗口。如果屏幕上没有图形窗口，当使用绘图命令时会自动建立一个图形窗口，以后绘制的图形都会显示在这个窗口中，并且会将窗口中已有的图形覆盖。如果要在不同的图形窗口绘制图形，则需要用创建图形窗口的命令创建新的图形窗口。

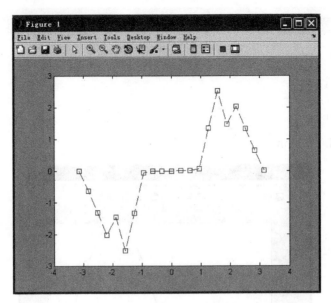

图 4-3 例 4-3 结果

1. 创建新图形窗口

figure 以默认的方式建立一个新的图形窗口。

figure(h) 若 h 号图形窗口不存在,则建立编号为 h 的图形窗口;若编号为 h 的图形窗口已经存在,则该命令是设置 h 号窗口为当前窗口。

例 4-4 在两个图形窗口中,分别绘制函数 $y = \sin(x)$ 和 $y = \cos(x)$ 在定义域 $x \in [0, 2\pi]$ 内的图像。

操作步骤:

```
>>x=linspace(0,2*pi,36);
>>y1=sin(x);
>>y2=cos(x);
>>plot(x,y1,'r')
>>figure(2)
>>plot(x,y2,'b-^')
```

其结果如图 4-4(a)和图 4-4(b)所示。

2. 图形的保持

在绘图过程中,经常需要在同一个图形窗口中绘制不同的函数图像,这就要求将图形窗口中已有的图形保持住。实现该功能的函数是 hold 命令。

hold on 打开当前图形窗口的图形保持功能,以后所有在这个窗口中绘制的图形将添加到该图形窗口中。

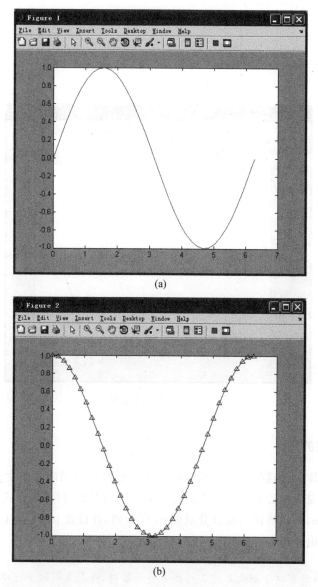

(a)

(b)

图 4-4　例 4-4 结果

hold off 关闭当前图形窗口的图形保持功能,以后在这个窗口新绘制的图形将覆盖原有图形。

例 4-5 在同一个图形窗口中绘制几个三角函数。

操作步骤:

```
>>x=0:0.1:2*pi;
>>y1=sin(x);
>>y2=cos(x);
```

```
>>plot(x,y1,'b')
>>hold on
>>plot(x,y2,'r')
>>hold off
```

其结果如图4-5所示。

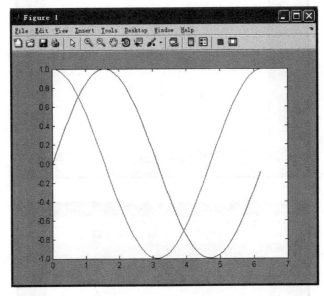

图4-5　例4-5结果

3. 图形窗口的分割

在 MATLAB 中,函数 subplot 可以将一个图形窗口分割成若干个子窗口,这样就可以在同一个图形窗口中的不同位置绘制若干个不同的函数图像,其格式如下。

subplot(m,n,p)　将图形窗口分割成 m 行 n 列,并设置 p 所指定的子窗口为当前窗口。子窗口按行由左至右,由上至下进行编号。

例 4-6　将图形窗口分割成 2 行 2 列共 4 个子窗口,并在不同的子窗口中绘制函数图像。

操作步骤:

```
>>x=0:0.1*pi:2*pi;
>>subplot(2,2,1)
>>plot(x,sin(x),'-*')
>>subplot(2,2,2)
>>plot(x,cos(x),'-o')
>>subplot(2,2,3)
>>plot(x,sin(x).*cos(x),'-x')
>>subplot(2,2,4)
>>plot(x,sin(x)+cos(x),'-h')
```

其结果如图 4-6 所示。

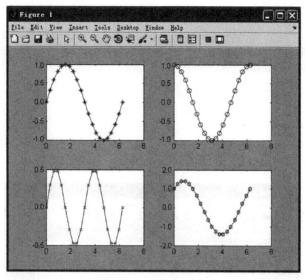

图 4-6　例 4-6 结果

4.1.3　坐标系属性的设置

一般情况下,在绘制图形时图形窗口的界面无须人工干预,MATLAB 能够根据所给的数据自动地确定坐标取向、范围、刻度、高宽比,并给出比较满意的画面。如果有特殊需要,则也可以通过一系列命令改变默认设置。

1. 坐标轴的设置

利用 axis 命令可以设置坐标轴的可视、取向、取值范围和轴的高宽比等。常用的坐标系统命令如下。

axis([xmin xmax ymin ymax])　设定 x 轴和 y 轴的取值范围。

axis auto　根据数据范围自动计算坐标轴的取值范围。也可以只约束某个轴为自动设置,如 axis 'auto x'。

axis manual　使坐标轴的取值范围保持不变。

axis tight　以数据的取值范围作为坐标轴的取值范围。

axis fill　在 manual 方式下,使坐标轴充满整个绘图区。

axis ij　使坐标原点在绘图区的左上方,i 轴从上到下,j 轴从左到右。

axis xy　使坐标原点在绘图区的左下方,x 轴从左到右,y 轴从下到上。

axis equal　设置当前坐标系 x、y 轴的单位刻度相等。

axis image　设置坐标系 x、y 轴的单位相等,并且使坐标框紧紧包围着数据。

axis square　设置当前坐标区域为正方形,并根据数据的单位长度调整坐标轴的单位长度。

axis vis3d　设置纵横比例不变,使得在旋转三维图形时不变形。

axis normal　自动设置纵横比例和坐标轴的单位长度,对坐标轴不作任何限制。

axis off　隐藏坐标系。

axis on　显示坐标系。

例 4-7　画出在 $\left[0, \dfrac{\pi}{2}\right]$ 上函数 $y = \tan(x)$ 的图形。

操作步骤：

```
>>x =0:0.01:pi/2;
>>plot(x,tan(x),'-ro')
```

其结果如图 4-7(a)所示。

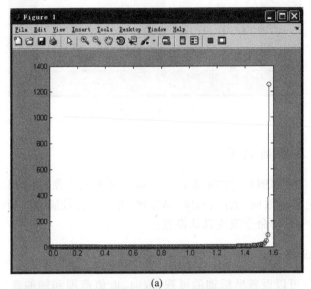

(a)

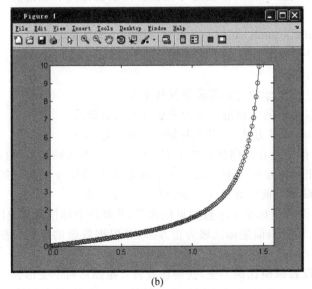

(b)

图 4-7　例 4-7 结果

由于 MATLAB 根据 y 的数据范围自动设置了 y 轴的取值范围,使得绘制的图形在 $\left[0, \dfrac{\pi}{2}\right]$ 上无法看清。下面修改 y 轴的取值范围为:

```
>>axis([0 pi/2 0 10])
```

其结果如图 4-7(b)所示。

2．坐标框

在绘图时,有时希望图形的四周都显示坐标刻度,则可使用下面命令实现。

box on　显示当前坐标轴的坐标框。

box off　不显示当前坐标轴的坐标框。

box　在 box on 和 box off 之间切换。

3．网格线

grid 命令可以在绘图区显示网格线,格式如下。

grid on　在当前坐标系中添加主要的网格线。

grid off　从当前的坐标系中取消网格线

grid　在 grid on 和 grid off 之间切换。

4．标注文字

在绘制图形时,可以对图形窗口加上一些文字说明,如图的标题、坐标轴的名称、图形的注释和图例等,这些操作称为添加图形标注。

在图形窗口中,可以添加文字,包括以下几种方法。

title('string')　在坐标系的上面显示"string"作为标题的字符串。

xlabel('string')　在当前坐标系的 x 轴显示"string"字符串。

ylabel('string')　在当前坐标系的 y 轴显示"string"字符串。

legend('string1','string2',…)　在当前图形上显示图例,按照绘图顺序用字符串 string1、string2 等作为标注。

text(x,y,'string')　在图形窗口的(x,y)位置显示字符串"string"。

gtext('string')　用鼠标指向图形窗口的某个位置,然后单击鼠标或按任意键,则在鼠标所指向的位置显示字符串"string"。

注意:"string"可以是英文、中文或 TeX 定义的各种字符(见表 4-4)。字符格式的设置见表 4-5。

表 4-4　TeX 字符序列和对应符号

字　符　序　列	对应符号	字　符　序　列	对应符号	字　符　序　列	对应符号
\alpha	α	\upsilon	υ	\sim	∼
\angle	∠	\phi	φ	\leq	⩽
\ast	*	\chi	χ	\infty	∞
\beta	β	\psi	ψ	\clubsuit	♣
\gamma	γ	\omega	ω	\diamondsuit	◆
\delta	δ	\Gamma	Γ	\heartsuit	♥
\epsilon	ε	\Delta	Δ	\spadesuit	♠
\zeta	ζ	\Theta	Θ	\leftrightarrow	↔
\eta	η	\Lambda	Λ	\leftarrow	←
\theta	Θ	\Xi	Ξ	\Leftarrow	⇐
\vartheta	ϑ	\Pi	Π	\uparrow	↑
\iota	ι	\Sigma	Σ	\rightarrow	→
\kappa	κ	\Upsilon	γ	\Rightarrow	⇒
\lambda	λ	\Phi	Φ	\downarrow	↓
\mu	μ	\Psi	Ψ	\circ	○
\nu	ν	\Omega	Ω	\pm	±
\xi	ξ	\forall	∀	\geq	⩾
\pi	π	\exists	∃	\propto	∝
\rho	ρ	\ni	∋	\partial	∂
\sigma	σ	\cong	≅	\bullet	•
\varsigma	ς	\approx	≈	\div	÷
\tau	τ	\Re	ℜ	\neq	≠
\equiv	≡	\oplus	⊕	\aleph	ℵ
\Im	ℑ	\cup	∪	\wp	℘
\otimes	⊗	\subseteq	⊆	\oslash	∅
\cap	∩	\in	∈	\supseteq	⊇
\supset	⊃	\lceil	⌈	\subset	⊂
\int	∫	\cdot	•	\o	o
\rfloor	⌋	\neg	¬	\nabla	∇
\lfloor	⌊	\times	x	\ldots	…
\perp	⊥	\surd	√	\prime	′
\wedge	∧	\varpi	ϖ	\0	∅
\rceil	⌉	\rangle	〉	\mid	│
\vee	∨	\copyright	©	\langle	〈

表 4-5　设置字体、颜色的 TeX 标记

TeX 标记序列	功　能	TeX 标记序列	功　能
\bf	字体加粗	\fontname{fontname}	采用指定字体
\it	斜体	\fontsize{fontsize}	采用指定字号
\rm	正常字体	\color{colorname}	指定颜色

例 4-8　绘制 $[0,2\pi]$ 上的正弦函数图像。

操作步骤：

```
>>x =[0:pi/50:2*pi]';
>>y=sin(x);
>>plot(x,y)
>>xlabel('x 轴')
>>ylabel('y 轴')
>>title('正弦函数图像')
>>text(pi,0,' \leftarrow sin(\pi)','FontSize{18}')
```

其结果如图 4-8 所示。

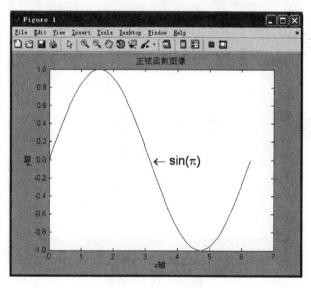

图 4-8　例 4-8 结果

4.1.4　特殊坐标系绘图

1. 双 y 轴坐标系绘图

有时需要对函数值变换范围差别较大的两组数据同时绘图,如果采用叠加绘图方式,则很难从图像中辨别出函数值变化范围较小的那组数据的变换趋势细节,这时最好采用双 y 轴坐标系绘图。绘制函数 plotyy 的调用格式如下。

plotyy(X1,Y1,X2,Y2,'function1','function2')　左侧纵轴绘制 function(X1,Y1),右侧纵轴绘制 function(X2,Y2)。其中 X1 和 Y1、X2 和 Y2 为对应的向量或矩阵。function1、function2 可以是 MATLAB 中所有接收 X-Y 数据对的二维绘图函数,省略时默认为 plot。

例 4-9　画出函数 $y = x\sin x$ 和积分 $s = \int_0^x (x\sin x)\mathrm{d}x$ 在区间 $[0,4]$ 上的曲线。

操作步骤:

```
>>dx=0.1;x=0:dx:4;
>>s=cumtrapz(y) * dx;
>>a=plotyy(x,y,x,s);
>>text(0.5,1.5,'\fontsize{14}\ity=xsinx')
>>sint='{\fontsize{16}\int_{\fontsize{8}0}^{  x}}';
>>text(2.5,3.5,['\fontsize{14}\its=',sint,'\fontsize{14}\itxsinxdx']);
>>ylabel('x')
```

其结果如图 4-9 所示。

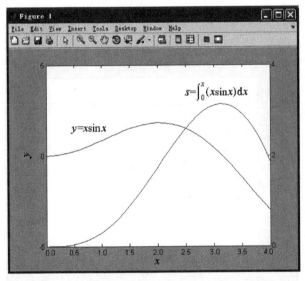

图 4-9　例 4-9 结果

2. 极坐标系绘图

MATLAB 除了提供直角坐标绘图函数外,还提供了极坐标绘图函数。函数 polar 的格式如下。

polar(theta,r)　在极坐标系中绘图。向量 theta 的元素代表弧度参数,向量 r 代表从极点开始的长度。

例 4-10 画出星形线 $x=3\cos^3 t, y=3\sin^3 t$ 的图像。

将参数方程化为极坐标方程,令 $\begin{cases} x=r\cos\theta \\ y=r\sin\theta \end{cases}$,则 $\cos^2 t=\left(\dfrac{r\cos\theta}{3}\right)^{\frac{2}{3}}, \sin^2 t=\left(\dfrac{r\sin\theta}{3}\right)^{\frac{2}{3}}$,又

由 $\cos^2 t+\sin^2 t=1$ 可得 $r=\dfrac{3}{(\cos^{\frac{2}{3}}\alpha+\sin^{\frac{2}{3}}\alpha)^{\frac{2}{3}}}$。

操作步骤:

```
>>x=0:0.01:2*pi;
>>r=3./(((cos(x)).^2).^(1/3)+((sin(x)).^2).^(1/3)).^(3/2);
>>polar(x,r)
```

其结果如图 4-10 所示。

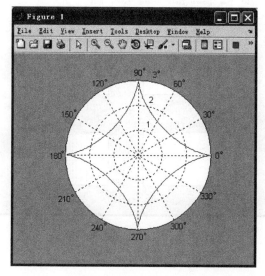

图 4-10   例 4-10 结果

3．对数坐标系绘图

MATLAB 除了能以直角坐标系和极坐标系绘图外,还提供了两个半对数和对数坐标系绘图函数:semilogx、semilogy、loglog,其调用格式如下。

semilogx(x,y)   在半对数坐标系中绘图,x 轴用以 10 为底的对数刻度标定,纵轴为线性坐标。这类似于 plot(log10(x),y),但是对于 log10(0)不能给出警告信息。

semilogy(x,y)   在半对数坐标系中绘图,y 轴用以 10 为底的对数刻度标定,横轴为线性坐标。这类似于 plot(x,log10(y)),但是对于 log10(0)不能给出警告信息。

loglog(x,y)   在对数坐标系中绘图,两个坐标轴均用以 10 为底的对数刻度标定。这类似于 plot (log10(x),log10(y)),但是对于 log10(0)不能给出警告信息。

例 4-11 绘制 $y=e^{-x}$ 的对数坐标图并与其直角线性坐标图进行比较。

操作步骤：

```
>>x = 0:0.1:10;y = exp(-x);
>>subplot(2,2,1) ; plot(x,y);                %绘制直角坐标系图形
>>title ('Linear Plot');xlabel ('x');ylabel ('y');grid on;
>>subplot(2,2,2); semilogx(x,y);             %x轴对数绘图
>>title ('Semilog x Plot');xlabel ('x');ylabel ('y');grid on;
>>subplot(2,2,3) ; semilogy(x,y);            %y轴对数绘图
>>title ('Semilog y Plot');xlabel ('x');ylabel ('y');grid on;
>>subplot(2,2,4) ; loglog(x,y);              %双对数绘图
>>title ('Loglog Plot');xlabel ('x');ylabel ('y');grid on;
```

其结果如图 4-11 所示。

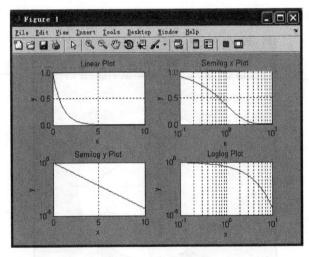

图 4-11　例 4-11 结果

4.1.5　函数绘图

MATLAB 中二维函数绘图指令有 ezplot、fplot 和 ezpolar。

1. ezplot 函数

ezplot 函数是常用的绘制函数直角坐标系图形的函数，其调用格式如下。

（1）一元函数绘图

ezplot(fun,[a,b])　在区间[a,b]绘制 fun(x)的图形，其中 fun 是 x 的单变量函数，区间的默认值为$[-2\pi,2\pi]$。

（2）二元函数绘图

ezplot(fun,[xmin,xmax,ymin,ymax])　在区间[xmin,xmax]和[ymin,ymax]绘制 fun(x,y)＝0 的图形。x,y 区间默认值为$[-2\pi,2\pi]$。

ezplot(fun,[a,b])　在区间[a,b]绘制 fun(x,y)＝0 的图形。

ezplot(x,y)　在默认区间[0,2π]绘制参数方程 x＝x(t)和 y＝y(t)的图形。

ezplot(x,y,[tmin,tmax]) 在区间[tmin,tmax]绘制 x=x(t)和 y=y(t)的图形。

例 4-12 绘制 $y=x^2$ 的图形。

操作步骤：

```
>>ezplot('x^2',[-2,2])
```

其结果如图 4-12 所示。

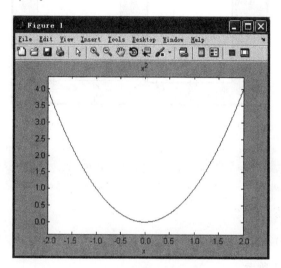

图 4-12 例 4-12 结果

例 4-13 绘制下列函数的图形。

(1) $f(x,y)=x^2-y+1$

(2) $\begin{cases} x=\ln(1+t^2) \\ y=t-\arctan t \end{cases}$

操作步骤：

```
>>subplot(1,2,1);ezplot('x^2-y+1');title('1')
    >>subplot(1,2,2);ezplot('log(1+t^2)','t-arctan(t)');title('2')
```

其结果如图 4-13 所示。

2. fplot 函数

fplot 函数是对函数自适应采样的绘图函数，其调用格式如下。

fplot(fun,limits,tol) 绘制函数 fun 的曲线。fun 为字符串、函数句柄或匿名函数；limits 为变量 x 或 x、y 的取值范围；tol 为相对允许误差，其系统默认值为 $2e^{-3}$。

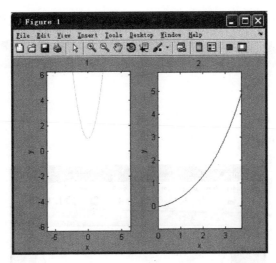

图 4-13　例 4-13 结果

例 4-14　绘制函数 $f = \dfrac{\sin x}{x}$ 在区间 $[-40, 40]$ 的图形。

操作步骤：

```
>>fplot('sin(x)/x',[-40,40])
```

其结果如图 4-14 所示。

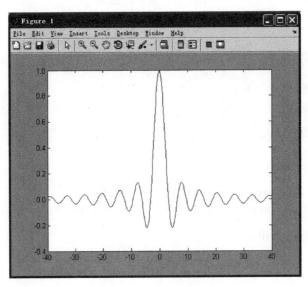

图 4-14　例 4-14 结果

3. ezpolar 函数

在极坐标系中绘制函数图形的函数为 ezpolar，其调用格式如下。

ezpolar(fun,[a,b])　绘制极坐标曲线 rho＝fun(theta)，范围为[a,b]，默认值范围为[0,2π]。

> **例 4-15**　绘制函数 $r=2\cos\left(2\left(t-\dfrac{\pi}{8}\right)\right)$ 的图形。

操作步骤：

```
>>ezpolar('2*cos(2*(t-pi/8))')
```

其结果如图 4-15 所示。

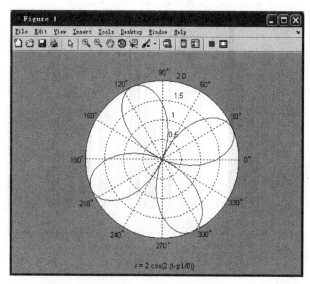

图 4-15　例 4-15 结果

4.1.6　常用二维图形的绘制

MATLAB 能够绘制的二维图形主要有：条形图、饼图、离散杆状图、阶梯图等。

1. 条形图

条形图的绘图函数是 bar，其调用格式如下。

bar(X,Y,WIDTH,参数)　对 m×n 阶矩阵 Y 绘制含有 m 组，每组 n 个宽度为 WIDTH 的条形图。WIDTH 默认为 0.8。向量 X 为 x 坐标，要求递增或递减。参数"grouped"为默认值，即垂直的分组直方图；参数"stacked"表示绘制 m 个条形，条形的高度为本行元素的和，每个条形都用多种颜色表示，颜色对应不同元素，并表示此元素对本行总和的相对贡献。

barh(X,Y,WIDTH,参数)　绘制水平直方图。参数含义同函数 bar。

> **例 4-16**　绘制向量(4,5,2,7,9)和由 0~9 构成的随机阵条形图。

操作步骤:

```
>>subplot(1,2,1),bar([4,5,2,7,9])
>>A=round(10 * rand(3,4));bar(A)
>>subplot(1,3,1),bar([4,5,2,7,9])
>>A=round(10 * rand(3,4));subplot(1,3,2),bar(A)
>>subplot(1,3,3),bar(A,'stacked')
```

其结果如图 4-16 所示。

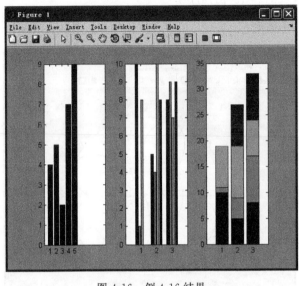

图 4-16   例 4-16 结果

2.饼图

饼图的绘图函数是 pie,其调用格式如下。

pie(x,explode)   绘制向量 x 的饼图。如果向量 x 的元素和小于 1,则绘制不完全的饼图;否则绘制向量 x 的元素所占比例的饼图。explode 是与向量 x 大小相同的向量,并且其中不为零的元素所对应的相应部分从饼图中独立出来。

例 4-17   绘制向量 $(4,5,2,7,9)$ 的饼图。

操作步骤:

```
>>pie([4,5,2,7,9],[1,0,0,1,0])
```

其结果如图 4-17 所示。

3.离散杆状图

离散杆状图的绘图函数是 stem,其调用格式如下。

stem (X,Y,'fill',S)   绘制向量 X 中指定的序列 Y 的填充离散杆状图,"S"为颜色、

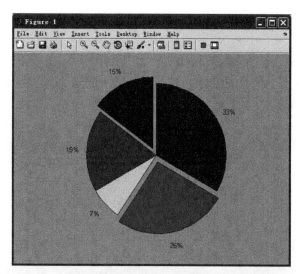

图 4-17 例 4-17 结果

点型和线型字符串（同 plot）。X、Y 是大小相同的向量或矩阵，或 X 是向量，Y 是行数等于 length(X) 的矩阵。

例 4-18 绘制离散杆状图。

操作步骤：

```
>>subplot(1,3,1),x=[2,4,1,7,5];stem(x,'fill')
>>subplot(1,3,2),x=1:3;y=round(10 * rand(3,4));stem(x,y,'fill','r--^')
>>subplot(1,3,3),x=[2,4,1,7,5];stem(x)
```

其结果如图 4-18 所示。

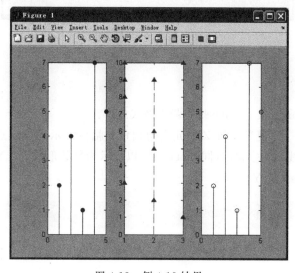

图 4-18 例 4-18 结果

4. 阶梯图

阶梯图的绘图函数是 stairs,其调用格式如下。

stairs(X,Y,S)　　绘制向量 X 中指定的序列 Y 的指定线型阶梯图,其中"S"是颜色、点型和线型的字符串(同 plot)。

例 4-19　绘制向量 $(2,6,8,7,8,5)$ 的阶梯图。

操作步骤:

```
>>x = [1 2 3 4 5 6];y = [2 6 8 7 8 5];stairs(x,y);
>>title('Example of a Stair Plot');xlabel('x');ylabel('y');axis([0 7 0 10]);
```

其结果如图 4-19 所示。

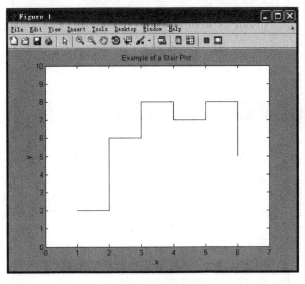

图 4-19　例 4-19 结果

5. 射线图

射线图的绘图函数是 compass,其调用格式如下。

compass(Z,s)　将复数矩阵 Z 中元素的相角和幅值显示成从原点辐射的箭头,其中"S"是颜色、点型和线型的字符串(同 plot);Z 可以表示为复数形式 X+Yi,即 compass(X+Yi),等价于 compass(X,Y)。

例 4-20　绘制射线图。

操作步骤:

```
>>Z = eig(randn(10,10));compass(Z,'g')
```

其结果如图 4-20 所示。

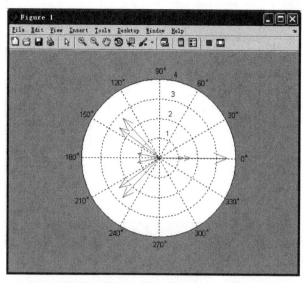

图 4-20 例 4-20 结果

6. 误差条形图

误差条形图的绘图函数 errorbar,其调用格式如下。

errorbar(x,y,e,s) 绘制向量 y 对 x 的误差条形图。误差条对称地分布在 yi 的上方和下方,长度为 ei,其中 yi 和 ei 分别为第 i 个分量,字符串 s 设置颜色和线型。

errorbar(x,y,l,u,s) 绘制向量 y 对 x 的误差条形图。误差条分布在 yi 上方的长度为 ui,下方的长度为 li,其中 ui 和 li 分别为第 i 个分量,字符串 s 设置颜色和线型。

例 4-21 绘制正弦函数的误差条形图。

操作步骤:

```
>>x =1:10;y =sin(x);e =std(y) * ones(size(x));errorbar(x,y,e)
```

其结果如图 4-21 所示。

7. 散点图

散点图的绘图函数是 scatter,其调用格式如下。

```
scatter(x, y, size, color, markertype, 'filled')
```

功能:以具有相同长度的向量 x、y 所确定的点为圆心,size(以点为单位)为半径绘制圆。圆的颜色由字符串 color 确定,color 是向量、矩阵或颜色值字符串,markertype 为散点形状字符串(同 plot),省略时为圆形,'filled' 省略时绘制空心圆形。

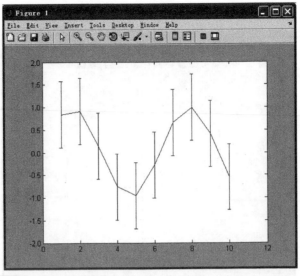

图 4-21 例 4-21 结果

例 4-22 用 scatter 函数绘制不同效果的散点图。

操作步骤:

```
>>t=0:pi/10:2 * pi;y=sin(t);
>>subplot(2,2,1),scatter(t,y),title('default')
>>subplot(2,2,2),scatter(t,y,(abs(y)+2).^4,'filled'),title('size:(abs(y)+2)^4')
>>subplot(2,2,3),scatter(t,y,30,y,'v','filled'),title('size:30,color:y,markertype:v')
>>subplot(2,2,4),scatter(t,y,(t+1).^2,t,'filled'),title('size:(t+1)^2,color:t')
```

其结果如图 4-22 所示。

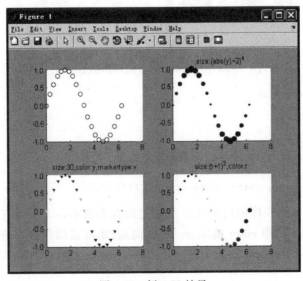

图 4-22 例 4-22 结果

4.2　三维曲线和曲面

MATLAB 提供了大量的三维绘图函数,可以绘制三维曲线图、表面图、网格图等。MATLAB 还提供了控制颜色、光照、视角等效果的函数,从而使三维图形的表现更加灵活。

4.2.1　三维曲线

MATLAB 中最基本的三维曲线图形函数是 plot3,它将二维绘图函数 plot 的有关功能扩展到三维空间,用来绘制三维图形。plot3 的调用格式如下。

plot3(x,y,z,'s')　绘制三维曲线。

其中,当 x、y 和 z 是相同的向量时,则绘制以 x、y 和 z 元素为坐标的三维曲线;当 x、y 和 z 是同型矩阵时,则绘制以 x、y 和 z 元素为坐标的三维曲线,且曲线的条数等于矩阵的列数。s 是指定绘制三维曲线的线型、点型和颜色的字符串(同 plot)。

plot3(…,'PropertyName','PropertyValue')　为绘制的曲线设置属性值,如线宽(LineWidth)、标记点边缘颜色(MarkerEdgeColor)、标记点大小(MarkerSize)等。

对参数方程表示的三维曲线的绘制 ezplot3 还有一个函数绘图形式,调用格式如下。

ezplot3(x,y,z,[tmin,tmax])　绘制区间[tmin,tmax]范围内 x=x(t)、y=y(t)和 z=z(t) 的三维曲线。参数[tmin,tmax]的默认值为[0,2pi]。

例 4-23　绘制三维曲线 $\begin{cases} x=\sin(t) \\ y=\cos(t) \\ z=t \end{cases}$。

方法 1 操作步骤:

```
>>t=0:0.1:20*pi;
>>plot3(sin(t),cos(t),t)
>>xlabel('t'),ylabel('sin(t)'),zlabel('cos(t)');title('plot3');
```

其结果如图 4-23(a)所示。

方法 2 操作步骤:

```
>>ezplot3('t','sin(t)','cos(t)',[0,20*pi])          %0≤t≤20*pi
>>xlabel('t'),ylabel('sin(t)'),zlabel('cos(t)');title('ezplot3');
```

其结果如图 4-23(b)所示。

4.2.2　三维曲面

绘制三维曲面时,首先需要确定 x-y 平面区域内的网格坐标矩阵(X,Y),根据每一个网格点上的 x,y 坐标,由函数关系求函数值 z,则得到矩阵 Z。显然,X、Y 和 Z 各列或各行所对应的坐标对应于一条空间曲线,空间曲线的集合组成空间曲面。

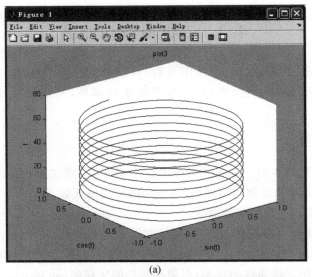

(a)

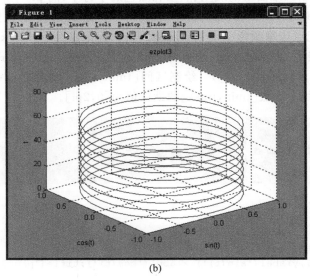

(b)

图 4-23　例 4-23 结果

1. 生成网格数据

网格坐标矩阵的生成函数是 meshgrid,其调用格式如下。

$[X,Y]$＝meshgrid(x,y)　由向量 x 和 y 产生在 x-y 平面的各网格点坐标矩阵(X,Y)。其中,向量 x 为 $1×m$ 阶的行向量,向量 y 为 $1×n$ 阶的行向量,语句执行后,矩阵 X 的每一行都是向量 x,行数等于向量 y 的元素个数,矩阵 Y 的每一列都是向量 y 等于向量 x 的元素个数。于是 X 和 Y 相同位置上的元素$(X_{ij},Y_{ij})(i=1,2,\cdots,n;j=1,2,\cdots,m)$恰好是绘图区域的$(i,j)$网格点的坐标。

注意:向量 x 和 y 相同时,meshgrid 函数也可以写成$[X,Y]$＝meshgrid(x)。

例 4-24　设 $x=[1\ 2\ 3\ 4]$；$y=[10\ 11\ 12\ 13\ 14]$，试生成 x-y 平面上的网格数据。

操作步骤：

```
>>[U,V]=meshgrid(x,y)
U =
         1      2      3      4
         1      2      3      4
         1      2      3      4
         1      2      3      4
         1      2      3      4
V =
        10     10     10     10
        11     11     11     11
        12     12     12     12
        13     13     13     13
        14     14     14     14
```

2．三维曲面

三维曲面图的绘制函数是 surf，它有以下两种调用格式。

surf(z)　绘制三维曲面图。以 Z 矩阵的行下标作为 x 坐标轴，将 Z 矩阵的列下标当做 y 坐标轴。

surf(x,y,z)　绘制出由坐标(x_{ij}，y_{ij}，z_{ij})确定的三维曲面图形。

surf(x,y,z,c)　用 c 定义的颜色绘制三维曲面图。

三维曲面图的另一个常用函数是 ezsurf，可以分别绘制二元函数和参数形式函数的图形，有以下两种调用格式。

ezsurf(f,[xmin,xmax,ymin,ymax])　绘制符号表达式 f 代表的 x、y 二元函数的在 [xmin,xmax,ymin,ymax]范围内的三维曲面，默认范围为 x 区间$[-2\pi,2\pi]$，y 区间 $[-2\pi,2\pi]$。

ezsurf(x,y,z,[smin,smax,tmin,tmax])　绘制在[smin,smax,tmin,tmax]范围内 x＝x(s,t)、y＝y(s,t)和 z＝z(s,t)的三维曲面。默认范围为 s 区间$[-2\pi,2\pi]$，t 区间 $[-2\pi,2\pi]$。

例 4-25　绘制三维曲面 $z=x e^{-x^2-y^2}$ 的图形。

操作步骤：

```
>>[X,Y]=meshgrid(-2:.2:2, -2:.2:2);
>>Z =X .* exp(-X.^2 -Y.^2);
>>surf(X,Y,Z)
```

其结果如图 4-24 所示。

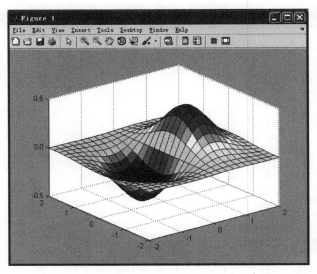

图 4-24　例 4-25 结果

3．三维网格

如果不需要绘制特别精细的三维曲面结构图，可以通过绘制三维网格图来表示三维曲面。三维曲面的网格图最突出的优点是能较好地解决数据在三维空间的可视化问题。

三维网格图的绘制函数是 mesh，使用方法与 surf 类似，其调用格式如下。

mesh(z)　绘制三维网格图。以 Z 矩阵的行下标作为 x 坐标轴，将 Z 矩阵的列下标当做 y 坐标轴。

mesh(x,y,z)　绘制出由坐标（x_{ij}，y_{ij}，z_{ij}）确定的三维网格图。

mesh(x,y,z,c)　用 c 定义的颜色绘制三维网格图。

三维网格图的另一个常用函数为 ezmesh，使用方法与 ezsurf 类似，调用格式如下。

ezmesh(f,[xmin,xmax,ymin,ymax])　绘制符号表达式 f 代表的 x 和 y 二元函数的在[xmin,xmax,ymin,ymax]范围内的三维网格图。x,y 的默认范围为[$-2\pi,2\pi$]。

ezmesh(x,y,z,[smin,smax,tmin,tmax])　绘制在[smin,smax,tmin,tmax]范围内 x＝x(s,t)、y＝y(s,t)和 z＝z(s,t)的三维网格图，x,y 的默认范围为[$-2\pi,2\pi$]。

例 4-26　绘制 $\sin(r)/r$ 的三维网格图。

操作步骤：

```
>>[X,Y]=meshgrid(-8:.5:8);
>>R=sqrt(X.^2+Y.^2)+eps;
>>Z=sin(R)./R;
>>mesh(X,Y,Z)
```

其结果如图 4-25 所示。

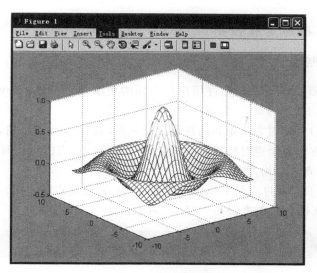

图 4-25　例 4-26 结果

例 4-27　绘制三维曲面 $z = \sin(x)\cos(y)$ 图中 $z < 0.35$ 的部分。

操作步骤：

```
>>x=0:0.1:2*pi;[x,y]=meshgrid(x);z=sin(y).*cos(x);
>>[I,J]=find(z>0.35);
>>for ii=1:length(I)
        z(I(ii),J(ii))=NaN;
end
>>surf(x,y,z)
```

其结果如图 4-26 所示。

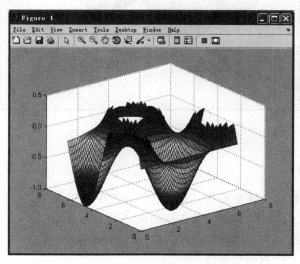

图 4-26　例 4-27 结果

4.2.3 三维图形的属性控制

1. 视角的控制

对于三维图形,MATLAB 允许用户从不同的角度观察,利用 view 函数可以调整视点,其调用格式如下。

view([az,el]) 通过方位角和俯视角设置视点,其中 az 是方位角,值为正时指在 x-y 平面内从 y 轴负方向开始逆时针旋转的角度;el 为俯视角,当值为正时指从 x-y 平面向 z 轴旋转的角度,两者单位均为度。

view([x,y,z]) 通过直角坐标设置视点,[x,y,z]是视点的坐标。

注意:系统默认的视点是 az=−37.5°,el=30°。

例 4-28 从不同角度观察例 4-27 的图形。

操作步骤:

```
>>view([30,60])
```

其结果如图 4-27 所示。

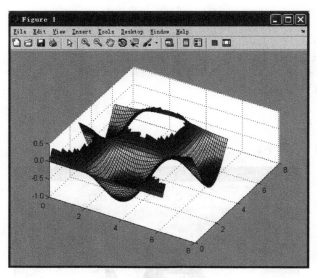

图 4-27 例 4-28 结果

2. 颜色的控制

图形的一个重要属性就是颜色。在 MATLAB 中采用 RGB 色系,用含有 3 个元素的向量表示一种颜色。常用的数据向量表示的颜色含义见表 4-6。

色图矩阵式是用 m×3 阶的 RGB 三元组表示颜色的一种方法。常用的色图矩阵见表 4-7,它们是 64×3 阶的颜色矩阵。

表 4-6　常用的颜色向量

颜色	R(红)	G(绿)	B(蓝)	颜色	R(红)	G(绿)	B(蓝)
黑	0	0	0	洋红	1	0	1
白	1	1	1	淡蓝	0	1	1
红	1	0	0	灰色	0.5	0.5	0.5
绿	0	1	0	深红	0.5	0	0
蓝	0	0	1	橘黄	1	0.5	0
黄	1	1	0				

表 4-7　常用的色图矩阵

色图矩阵名	含　义	色图矩阵名	含　义
hsv	连续变化的饱和彩色图	hot	黑-红-黄-白彩色图
gray	线性变化的灰度图	bone	蓝色调的灰度彩色图
copper	铜色调的线性彩色图	pink	线性粉红色阴影彩色图
white	全白彩色图	flag	红、白、蓝、黑交互的彩色图
summer	黄绿色调彩色图	colorcube	增强的彩色立方体彩色图
jet	Hsv 彩色图的变形	prism	色谱彩色图
cool	蓝绿和洋红阴影彩色图	autumn	红和黄阴影彩色图
spring	品红和黄阴影彩色图	winter	蓝和绿阴影彩色图

在绘制三维曲面时，若要用色图矩阵定义的颜色着色，可以调用函数 colormap 来实现。colormap 的调用格式如下。

colormap(m)　设置 m 为色图矩阵。

例 4-29　绘制函数 $z = x e^{(-x^2-y^2)}$ 的曲面图，并设置色图为洋红色、蓝和绿阴影彩色。

操作步骤：

```
>>[x,y]=meshgrid(-2:0.25:2);
>>z=x.*exp(-x.^2-y.^2);
>>surf(x,y,z),colormap([1,0,1])
>>figure,mesh(x,y,z),colormap(winter)
```

其结果如图 4-28 所示。

3.渲染控制

一般三维表面图的颜色渲染是在相应图形的每一个网格片上涂上相同的颜色。除此之外，还可以用 shading 命令来改变着色方式。shading 命令设置的着色方式有以下 3 种。

shading flat　对小片或整段网格线着同一种颜色。

shading faceted　在 flat 着色的基础上绘制黑色网格线，这种方式立体表现力最

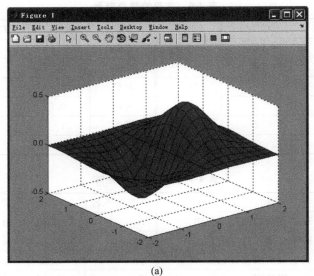

(a)

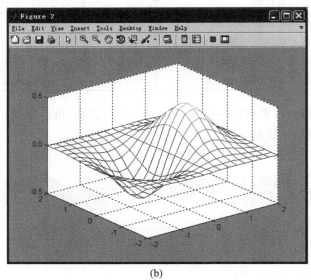

(b)

图 4-28　例 4-29 结果

强（默认方式）。

　　shading interp　着色时使小片根据 4 个顶点的颜色产生连续的变化，或根据网格线的线段两端产生连续的变化，这种方式着色细腻但费时间，通过对线段或表面颜色进行插值使得整个表面颜色看上去是连续变化的。

　　例 4-30　3 种图形着色方式的效果比较。

操作步骤：

```
>>x=-1:0.2:1;y=x;[x,y]=meshgrid(x,y);z=x.^2+y.^2;
```

```
>>colormap(autumn);
>>subplot(1,3,1);surf(x,y,z);title('shading faceted')
>>subplot(1,3,2);surf(x,y,z);shading flat;title('shading flat')
>>subplot(1,3,3);surf(x,y,z);shading interp;title('shading interp')
```

其结果如图 4-29 所示。

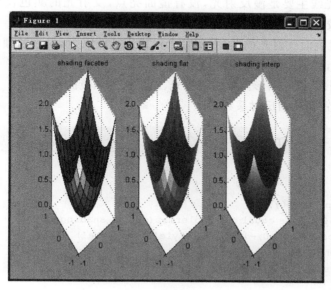

图 4-29　例 4-30 结果

4．光照控制

在 MATLAB 中,对于三维图形可以设置光源,使三维图形具有更好的显示效果。与光照有关的函数有以下几种。

(1) light('PropertyName',propertyValue,…)　灯光设置。

当 PropertyName 为 color 时,propertyValue 可采用 RGB 三元组或相应的颜色字符(见表 4-1),默认为[1 1 1],即白光。

当 PropertyName 为 style 时,propertyValue 可为 infinite 或 local,前者表示光源在无穷远处,光线是平行的;后者为近光,光源的位置由 position 属性定义。

当 PropertyName 为 position 时,propertyValue 为坐标。如果 style 设置为"infinite",表示光线来源的方向;如果 style 设置为"local",则表示光源的具体位置。

(2) lighting options　设置照明模式(只有在 light 指令执行后才起作用)。

options 可取以下值。

flat　图形对象的每个面的光亮度是均匀的,图形的效果较差,这是默认的模式。

gouraud　先计算顶点的法线,然后用线性插值方法计算每个面中的光亮度。

phong　用双线性插值的方法计算每个面中的光亮度。

none　关闭所有光源。

（3）material options　设置光线的反射系数。

options 可取以下值。

shiny　设置镜面反射光比漫反射光和背景光强,反射光颜色仅取决于光源的颜色,图形对象比较明亮。

dull　设置光线主要是漫反射光,没有镜面亮点,反射光的颜色仅取决于光源的颜色,图形对象比较暗淡。

metal　设置镜面反射光很强,漫反射光和背景光较弱,反射光的颜色取决于光源和图形对象的颜色,图形对象可呈现金属光泽。

（[ka kd ks]）　设置图形对象的背景光、漫反射光和镜面反射光。

default　设置默认的反射系数。

例 4-31　用不同的灯光显示球。

操作步骤：

```
>> [X Y Z]=sphere(60);
>> surf(X,Y,Z), axis equal off ,colormap(cool), shading interp
>> light('position',[0,-10,1.5],'style','infinite')
>> light phong
>> material shiny    %其结果如图 4-30(a)所示
>> figure
>> surf(X,Y,Z,-Z),axis equal off,shading flat
>> light;lighting flat
>> light('position',[-1,-1,-2],'color','y')
>> light('position',[-1,0.5,1],'color','w','style','local')    %其结果如图 4-30
                                                                (b)所示
```

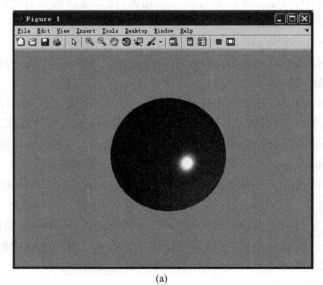

(a)

图 4-30　例 4-31 结果

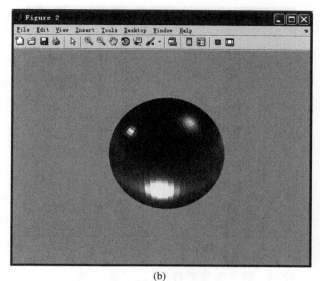

(b)

图　4-30(续)

5．消隐控制

在绘制三维图形时,为了更好地体现三维物体的立体感,被遮挡的部分不应显示,这种技术称为图形的消隐。在 MATLAB 中,hidden 命令可以控制图形显示时是否采用消隐技术。

hidden off 关闭消隐。

hidden on 开启消隐。

6．裁剪控制

在 MATLAB 中可以利用 NaN 对图形进行裁剪。

例 4-32　裁剪举例。

操作步骤:

```
>>p=peaks(30);
>>p(10:15,10:20)=NaN;
>>surfc(p)
```

其结果如图 4-31 所示。

4.2.4　常用三维图形的绘制

1．等高线图

绘制二维和三维等高线图的函数为 contour 和 contour3。两者调用格式相同,以 contour3 为例说明。

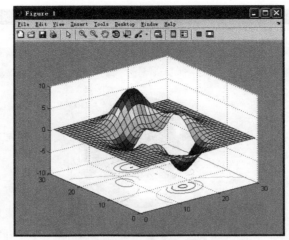

图 4-31　例 4-32 结果

contour3(z,n)　绘制 z 的三维等高线图,以 Z 矩阵的行下标作为 x 坐标轴,将 Z 矩阵的列下标当做 y 坐标轴,等高线为 n 条。n 省略则根据 z 自动选择。

contour3(x,y,z,n)　绘制 z 的三维等高线图,x,y 是 x 轴和 y 轴坐标,当 X,Y 是矩阵时,X(1,:)是 x 轴坐标,Y(:,1)是 y 轴坐标。n 为等高线条数,n 省略则根据 Z 自动选择。

例 4-33　绘制函数 $z = x e^{(-x^2-y^2)}$ 的曲面图和等高线。

操作步骤:

```
>>[x,y]=meshgrid(-2:0.25:2);
>>z=x.*exp(-x.^2-y.^2);
>>contour3(x,y,z,20)
```

其结果如图 4-32 所示。

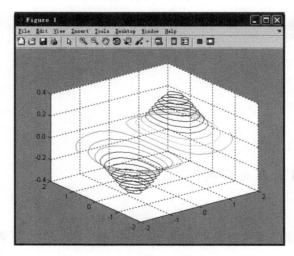

图 4-32　例 4-33 结果

2．三维直方图

三维直方图的绘制函数是 bar3，其调用格式如下。

bar3(y,z,width,'style')　绘制矩阵 Z 的三维直方图。要求向量 y 自动增加或减小。模式参数有 detached（分离式）、grouped（分组式）和 stacked（累加式），省略时默认为 grouped。

bar3(z,width,'style')　绘制矩阵 Z 的三维直方图。省略时向量 y 默认值是 1：m。其中参数 width 指定竖条的宽度，省略时默认宽度是 0.8，如果宽度大于 1，则条与条之间将重叠。模式参数同 bar3(y,z,width,'style')。

函数 bar3h 绘制三维水平条形图。

例 4-34　三维直方图表现矩阵。

操作步骤：

```
>>Y=[3,5,2,4,1;3,4,5,2,1;5,4,3,2,5];
>>subplot(1,2,1),bar3(Y,1),xlabel('x'),ylabel('x'),zlabel('y')
>>subplot(1,2,2),bar3h(Y','grouped'),xlabel('x'),ylabel('y'),zlabel('x')
```

其结果如图 4-33 所示。

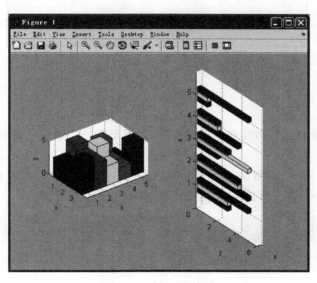

图 4-33　例 4-34 结果

3．三维饼图

三维饼图的绘制函数是 pie3，其调用格式如下。

pie3(x,explode)　绘制向量 x 的三维饼图。explode 是与 x 同长度的向量，用来决定是否从饼图中分离对应的一部分。

例 4-35 用三维饼图表现向量 $[1,1.6,1.2,0.8,2.1]$。

操作步骤：

```
>>a=[1,1.6,1.2,0.8,2.1];
>>pie3(a, [1 0 1 0 0])
```

其结果如图 4-34 所示。

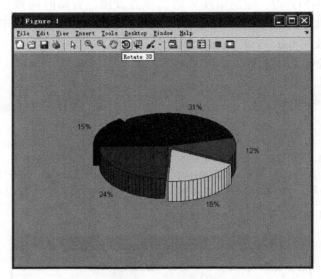

图 4-34 例 4-35 结果

4. 填充图

填充图将数据的起点和终点连成多边形，并填充颜色。绘制填充图的函数是 fill3,其调用格式如下。

fill3(x,y,z,c) 绘制向量 x、y 和 z 的填充图。其中,c 为实心图的颜色,可以用'r'、'g'、'b'、'c'、'm'、'y'、'w'、k'(含义同 plot 函数),或 RGB 三元组行向量表示。

例 4-36 绘制 4 个三角形,并用插值法填充颜色。

操作步骤：

```
>>x =[0 1 1 2;1 1 2 2;0 0 1 1];y =[1 1 1 1;1 0 1 0;0 0 0 0];z =[1 1 1 1;1 0 1 0;0 0 0 0];
>>c =[0.5000 1.0000 1.0000 0.5000; 1.0000 0.5000 0.5000 0.1667;
      0.3330 0.3330 0.5000 0.5000];
>>fill3(x,y,z,c)
```

其结果如图 4-35 所示。

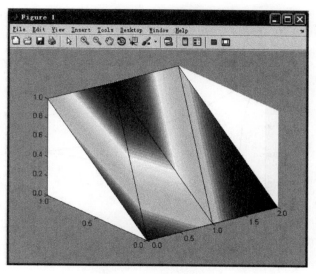

图 4-35　例 4-36 结果

4.3　图形的动态显示

4.3.1　彗星状轨迹图

在 MATLAB 中可以动态地显示一个质点的运动轨迹,命令如下。

comet(x,y,p)　二维彗星轨迹图。

comet3(x,y,z,p)　三维彗星轨迹图。

例 4-37　一个简单的二维彗星示例。

操作步骤:

```
>>t =0:.01:2 * pi;
>>x =cos(2 * t).* (cos(t).^2);
>>y =sin(2 * t).* (sin(t).^2);
>>comet(x,y);
```

其结果如图 4-36 所示,它无法表示动态效果,读者可自己运行一下。

4.3.2　颜色的变化

MATLAB 提供了一个能使当前图形的色图作循环变化的命令,该命令可以让颜色变化。

spinmap　使色图循环旋转大约 3 秒钟。

spinmap(t)　使色图循环旋转大约 t 秒钟。

spinmap(inf)　使色图无循环旋转下去,直到按 Ctrl＋C 组合键中断。

spinmap(t,inc)　使色图循环旋转大约 t 秒钟,时间增量为 inc。

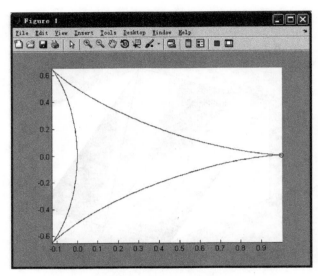

图 4-36　例 4-37 结果

例 4-38　颜色的变化示例。

操作步骤：

```
>>ezsurf('x*y','circ');shading flat,view([-18,28])
>>C=summer;
>>CC=[C;flipud(C)];
>>colormap(CC)
>>spinmap(10)
```

其结果如图 4-37 所示。

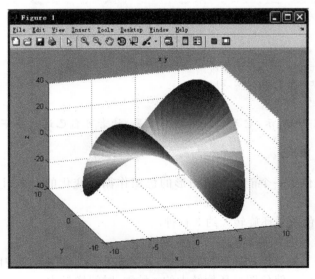

图 4-37　例 4-38 结果

4.3.3 影片动画

MATLAB能够进行简单的动画处理,提供的函数有以下几种。

getframe 截取每一幅画面信息而形成一个很大的列向量并保存到一个变量中。

moviein(n) 建立 n 列矩阵,用来保存 n 幅画面的数据,以备播放。

movie(m,n,fps) 以每秒 fps 幅图形的速度播放由矩阵 m 的列向量所组成的画面 n 次。

例 4-39 三维图形的影片动画。

操作步骤:

```
>>x=3 * pi * (-1:0.05:1);y=x;[X,Y]=meshgrid(x,y);
>>R=sqrt(X.^2+Y.^2)+eps;Z=sin(R)./R;
>>h=surf(X,Y,Z);colormap(jet);axis off
>>n=12;m=moviein(n);
>>for i=1:n
    rotate(h,[0 0 1],25);
    m(:,i)=getframe;
    end
>>close
>>shg, axis off
>>movie(mmm,5,10)
```

其结果如图 4-38 所示。读者可自己运行程序查看影片动画。

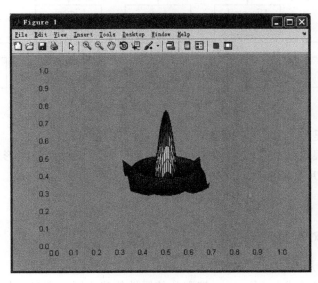

图 4-38 例 4-39 结果

4.4 句柄图形

4.4.1 句柄图形体系

1. 图形对象和句柄

MATLAB中图形对象是为了描述某些具有类似特征的图形元素而定义的具有某些共同属性的抽象的元素集合,MATLAB数据可视化技术中的各种图形元素实际上都是抽象图形对象的实例。

在创建每一个图形对象时都会返回一个唯一的用于标识此对象实例的双精度浮点数值,称为图形对象句柄(handle)。句柄是图形对象的唯一标识符,不同对象的句柄是不同的。通过操作句柄,用户可以实现对图形对象的各种底层控制和设置。

2. 图形对象的继承关系

由图形创建函数产生的每一个对象都是图形对象,包括图形窗口、坐标轴、线条、曲面和文本,这些对象按父对象和子对象组成层次结构,如图4-39所示。

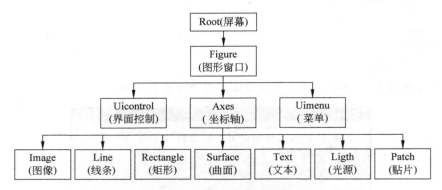

图 4-39 对象的层次结构

计算机屏幕是根对象,并且是所有其他对象的父对象。

图形窗口是根对象的子对象,菜单、坐标轴和用户界面对象是图形窗口的子对象,线条、文本、曲面、贴片和图像对象是坐标轴对象的子对象。

4.4.2 图形对象的建立

1. 图形窗口对象

MATLAB中用figure函数创建图形窗口对象,基调用格式如下。

figure,figure(n)或h=figure 按默认的属性值建立图形窗口。其中,figure(n)表示创建句柄为n的图形窗口,n为正整数。

h=figure(PropertyName1,PropertyValue1,PropertyName2,PropertyValue2,…) 建立图形窗口并设置指定属性的属性值,将句柄值赋给句柄变量h。其中 PropertyName、

PropertyValue(即属性名、属性值)构成属性二元对,该属性二元对还可以用结构数组表示。

要关闭图形窗口可使用 close 函数,其调用格式如下。

close(h)　关闭句柄为 h 的图形窗口。

close all　关闭所有的图形窗口。

句柄图形系统为每个图形窗口提供了很多控制图形窗口对象的属性。常用的属性有:Menubar(菜单条)、Name(图形窗口标题)、NumberTitle(图形窗口编号)、Resize(窗口大小是否可调)、Position(图形窗口位置)、Units(单位)、Color(窗口背景颜色)、Pointer(指针)、KeyPressFcn(键盘键按下响应)、WindowButtonDownFcn(鼠标键按下响应)、WindowButtonMotionFcn(鼠标移动响应)和 WindowButtonUpFcn(鼠标键释放响应)等。

例 4-40　建立一个图形窗口。该图形窗口没有菜单条,名称为"x^2",大小为 300×300 像素点,背景颜色为红色,窗口的左下角在屏幕的(100,100)位置,宽度、高度分别为 200、300(单位:像素),鼠标键按下响应事件为在该图形窗口绘制出 $y=x^2$ 的曲线。

操作步骤:

```
>>syms x
>>hf=figure('Name','x^2','Color','r','menubar','none','Position',[100,100,
300,300],'Units','pixel','WindowButtonDownFcn','ezplot(x,x^2,[-4,4])');
```

其结果如图 4-40 所示。

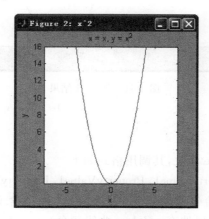

图 4-40　例 4-40 结果

2．坐标轴对象

建立坐标轴对象使用 axes 函数,其调用格式如下。

a = axes(PropertyName1,PropertyValue1,PropertyName2,PropertyValue2,…)　用指定的属性在当前图形窗口创建坐标轴,并将其句柄值赋给句柄变量 a。

axes 或 a=axes　按默认的属性值在当前图形窗口创建坐标轴。

句柄图形系统为每个坐标轴对象都提供了很多属性,常用的属性有:Box(坐标轴封闭）、GridLineStyle(网格线类型)、Position(坐标轴位置)、Units(单位)、Title(标题)等。

例 4-41 建立坐标轴，位置为 $[0.1,0.1,0.6,0.6]$，在此坐标轴上绘制 $y = \sin(x)$ 的函数曲线。

操作步骤：

```
>>axes('position',[0.1 0.1 0.6 0.6])
>>x = 0 : 0.01 : 2 * pi;y = sin(x);plot(x, y)
```

其结果如图 4-41 所示。

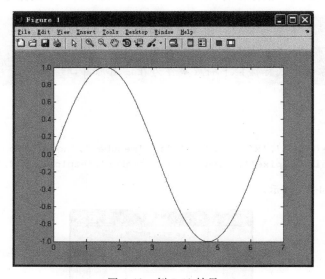

图 4-41 例 4-41 结果

3. 曲线对象

建立曲线对象使用 line 函数，其调用格式如下。

L= line(x, y, z, PropertyName1, PropertyValue1, PropertyName2, PropertyValue2,…)

绘制曲线，并将句柄值赋给句柄变量 L。其中，x、y、z 的含义与高层绘图函数 plot 和 plot3 等一样。曲线对象的属性有：Color(曲线颜色)、LineWidth(线的宽度)、LineStyle (线的形状)、Marker(标记点形状)、MarkerEdgeColor(标记点边缘颜色)等。

例 4-42 绘制正弦曲线，并分别用单元数组和结构数组设置对象属性。
选择 File→New→Script 命令，在 M 文件编辑器窗口输入下面内容并保存。

操作步骤：

```
x=0:pi/12:2 * pi;y=sin(x);
subplot(1,2,1);PN={'Color','LineWidth','Marker','MarkerEdgeColor',
'MarkerFaceColor'};PV={[1 0 0],2,'d','k','g'};
```

```
    line(x,y,PN,PV)        %设置颜色、线宽、标记形状、标记点边缘颜色、标记点填充颜色
    axis square ,grid on
subplot(1,2,2);PS.Color=[1 0.7 0];PS.LineWidth=2;PS.Marker='s ';
line(x,y,PS);                %设置颜色、线宽属性
axis square,grid on
```

其结果如图 4-42 所示。

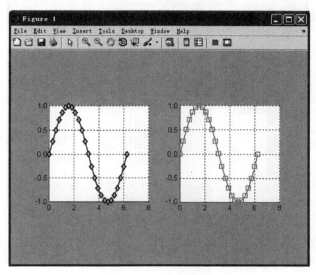

图 4-42　例 4-42 结果

4．文字对象

建立文字对象的函数是 text，其调用格式如下。

t＝ text（x，y，z，'说 明 文 字'，PropertyName1，PropertyValue1，PropertyName2，PropertyValue2，…）　在指定位置以指定的属性值添加文字说明，并保存句柄值为 t。说明文字中除使用标准的 ASCII 字符外，还可使用 LaTeX 格式的控制字符。

文字对象的常用属性有 Color（颜色）、String（字符串）、Interpreter（注释）、FontSize（字体大小）和 Rotation（旋转）等。

5．曲面对象

建立曲面对象的函数是 surface，其调用格式如下。

s＝surface（x，y，z，PropertyName1，PropertyValue1，PropertyName2，PropertyValue2，…）
建立句柄值为 s 的曲面对象。其中，对 x、y、z 的含义与曲面绘制函数 mesh 和 surf 等一样。

例 4-43　利用曲面对象绘制三维曲面。

操作步骤：

```
>>[x,y,z]=peaks(50);
```

>>hs=surface(x,y,z,'FaceColor','w','EdgeColor','flat');

其结果如图 4-43 所示。

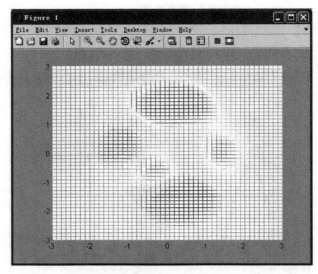

图 4-43　例 4-43 结果

4.4.3　对象句柄的获取方法

图形对象建立后,句柄值是图形对象的唯一标志。句柄值的获取除可以创建时直接赋值外,还有以下几种获取方法。

(1) 追溯法获取句柄

h_pa＝get(h_known,'parent')　获取 h_known 的父对象句柄值,并赋给 h_pa。

h_ch＝get(h_known,'children')　获取 h_known 的子对象的句柄值,并赋给 h_ch。

(2) 当前对象句柄的获取

Hf_fig＝gcf　返回当前图形窗口的句柄值,并赋给 Hf_fig。

Ha_ax＝gca　返回当前图形的当前坐标轴的句柄值,并赋给 Ha_ax。

Hx_obj＝gco　获取当前对象的句柄值,并赋给 Hx_obj。

Hx_obj＝gco(Hf_fig)　返回句柄值为 Hf_fig 的图形中当前对象的句柄值。

(3) 根据对象特性获取句柄

H＝findobj　获取根对象和所有子对象的句柄值,并赋给 H。

H＝findobj(ObjectHandles)　获取句柄为 ObjectHandles 对象中列出的对象和它们的子对象的句柄值,并赋给 H。

findobj 函数是根据对象特性获取句柄的一种重要方法,其调用格式如下。

h＝findobj(h-ori, PropertyName, PropertyValue)

h＝findobj(PropertyName, PropertyValue, ...)

功能:获取根和根以下以属性二元对(PropertyName, PropertyValue)指定属性值的对象的句柄值,并赋给 h。

例4-44 绘制三维网格图,并用追溯法返回图形窗的句柄。

操作步骤:

```
>>H=ezmesh('x','y','sin(x)');
>>Hparent=get(get(H,'Parent'),'Parent')        %Hparent即为图形窗口的句柄
Hparent =
    1
```

4.4.4 对象属性的获取和设置

图形对象建立后,可以通过 get 函数获得其某属性的值,或通过 set 函数设置对象的属性。其调用格式及功能见表4-8。

表4-8 get 和 set 函数的调用格式及功能

调 用 格 式	功　　能
get(h_obj)	获取句柄对象所有属性的当前值
get(h_obj,'PropertyName')	获取句柄对象 h_obj 的属性名为"PropertyName"的当前值
set(h_obj)	显示句柄对象所有属性和属性值
set(h_obj,'PropertyName')	设置句柄对象指定属性名的属性值
set(h_obj,'PropertyName',' PropertyValue ')	设置句柄对象指定属性名的属性值
set(h_obj,'PropertyStructure')	用结构数组设置句柄对象指定属性的属性值
get(h_obj,'DefaultObjectTypePropertyName')	获取对象属性的默认值
set(h_obj,'DefaultObjectTypePropertyName', PropertyValue)	设置属性的用户定义默认值
set(h_obj,'DefaultObjectTypePropertyName', 'Remove')	删除属性的用户定义默认值

例4-45 创建背景为红色的图形窗口,绘制函数 $y=\sin(x)*e^{-x}$ 的函数图像,并利用句柄设置坐标轴对象、曲线对象属性,并对曲线注释。

选择 File→New→Script 命令,在 M 文件编辑器窗口输入下面内容并保存。

操作步骤:

```
h_fig=figure('color','red','menubar','none','position',[0,0,300,300]);
x=0:0.1:2*pi;y=sin(x).*exp(-x);
h_line1=plot(x,y,'b');title('y=sin(x)*exp(-x)');
set(gca,'ygrid','on')                    %显示 y 网格
linelwidth=get(h_line1,'linewidth')      %获取曲线宽度
set(h_line1,'linewidth',3)               %设置曲线宽度
h_title=get(gca,'title')                 %获取标题句柄
titlefontsize=get(h_title,'fontsize')    %获取字体大小
set(h_title,'fontsize',13)               %设置标题字体大小
h_text1=text(pi,0,'\downarrow');         %画向下箭头
```

```
text1pos=get(h_text1,'position')            %获取文字位置
h_text2=text(pi,0.025,'exp(-x) * sin(x)=0');
set(h_text1,'fontsize',13,'color','red')    %设置字体大小颜色
set(h_text2,'fontsize',13, 'color','red')
```

单击编辑窗口中的运行程序按钮 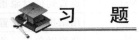，运行该程序。

其结果如图 4-44 所示。

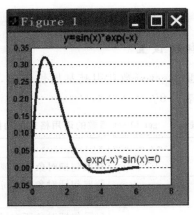

图 4-44　例 4-45 结果

习　题

1. 用 3 种方法绘制 $y=\sin x, x\in[0,2\pi]$ 的图像。平均取 10 个点,绘制条形图、离散点图,并加上标题。

2. 生成二维随机矩阵,绘制 3 种排列形式的条形图。

3. 生成一维随机矩阵,绘制饼图,并将第 2 个元素对应的区域分离出来;绘制阶梯图和射线图。

4. 绘制 $y=x^4-4x^3+x^2-3$ 的对数坐标图形。

5. $f=\sin x, g=\ln x$,绘制 f,g 的反函数图形和 $f(g(x))$ 的图形。

6. 绘制 $y=x^2+y^2, x,y\in[-2,2]$ 的曲面图和网格图,并比较不同的渲染效果。

7. 用插值法求函数 $y=\sin(y)\cos(x), x,y\in[0,6]$ 内间隔 0.25 的各点的值,并绘制 4 种插值算法的图形。

8. 生成大小为 300×400 像素的图形窗口,背景为蓝色,标题为"抛物线",单击鼠标绘制 $y=x^2+3x+2$ 的曲线。

9. 绘制正弦函数图像,利用图形对象句柄自定义坐标轴显示刻度为 $\{-pi,-pi/2,0,pi/2,pi\}$,线宽设置为 5,颜色为红色,在坐标 $[-pi,0]$ 位置输出"$<-\sin x$",字体为斜体加粗。

第5章

❖ 数 值 计 算

本章讨论如何用 MATLAB 解决常见的数值计算问题，主要介绍多项式的计算、线性方程组的求解、差分、梯度、插值和拟合等。

5.1 多 项 式

MATLAB 用行向量表示多项式，行向量由多项式系数按降幂顺序排列组成。例如，多项式

$$P(x) = a_n x^n + a_{n-1} x^{n-1} + \cdots + a_1 x + a_0$$

可以用它长度为 $n+1$ 的系数行向量表示：

$$P = \begin{bmatrix} a_n & a_{n-1} & \cdots & a_1 & a_0 \end{bmatrix}$$

注意：系数行向量中元素的排列顺序必须是从高次幂系数到低次幂系数，多项式中缺少的幂次要用 0 补齐。

5.1.1 多项式的创建

多项式的创建方法主要有以下几种。

1. 系数矢量的直接输入法

由于在 MATLAB 中的多项式是以向量形式储存的，因此，创建多项式的最简单的方法即直接输入多项式的系数行向量，MATLAB 自动将向量元素按降幂顺序分配给各系数值。为了查看方便，可利用转换函数 poly2sym 将多项式由系数行向量形式转换为符号形式。

例 5-1 输入系数矢量，创建多项式 $x^3 - 5x^2 + 6x - 33$。

操作步骤：

```
>>poly2sym([1, -5, 6, -33])
ans=
    x^3-5*x^2+6*x-33
```

2. 通过矩阵的特征多项式来创建多项式

可以通过求矩阵的特征多项式来创建多项式，这由函数 poly 实现，其调用格式如下。

p＝poly(A)　求矩阵 A 的特征多项式系数,要求输入参数 A 是 n×n 的方阵,输出参数 p 是包含 n+1 个元素的行向量,是 A 的特征多项式系数向量。

例 5-2　求矩阵 $\begin{bmatrix} 1 & 2 & 3 \\ 4 & 5 & 6 \\ 7 & 8 & 0 \end{bmatrix}$ 的特征多项式。

操作步骤:

```
>>A=[1, 2, 3;4, 5, 6;7, 8, 0];
>>p=poly(A)
p =
      1.0000    -6.0000    -72.0000    -27.0000
>>poly2sym(p)
ans =
      x^3-6*x^2-72*x-27
```

3. 由根矢量创建多项式

由给定的多项式方程的根矢量创建该多项式,这可用 poly 函数实现,其调用格式如下。

p＝poly(r)　返回一个行向量,该行向量是以 r 为根的多项式系数向量。

例 5-3　由根矢量[−5 −3 4]创建多项式。

操作步骤:

```
>>r=[-5, -3, 4]
>>p=poly(r)
p =
      1      4     -17     -60
>>poly2sym(p)
ans =
      x^3+4*x^2-17*x-60
```

由给定根矢量创建多项式时应注意以下问题。

(1) 如果希望生成实系数多项式,则根矢量的复数根必须共轭成对。

(2) 有时生成的多项式向量包含很小的虚部,可用 real 命令将其滤掉。

例 5-4　根据根矢量[−1+2i −1−2i 0.2]创建多项式。

操作步骤:

```
>>r=[-1+2i, -1-2i, 0.2]
r =
  -1.0000 +2.0000i   -1.0000 -2.0000i    0.2000
>>p=poly(r)    %求多项式系数矢量
```

```
p =
    1.0000    1.8000    4.6000   -1.0000
>>pr=real(p)    %取实部
pr =
    1.0000    1.8000    4.6000   -1.0000
>>poly2sym(pr)
ans =
    x^3+9/5 * x^2+23/5 * x-1
```

5.1.2 多项式运算

1. 求多项式的值

求多项式的值有两种形式,对应以下两种算法。

(1) 在输入变量值并代入多项式计算时以数量或矩阵中每个元素为计算单元的,其对应函数为 polyval。

(2) 以矩阵为计算单元的,进行矩阵式运算来求得多项式的值的对应函数为 polyvalm。

其调用格式如下。

polyval(p,x)　求多项式 p 在 x 点的值,X 可以是数量或矩阵。X 是矩阵时,表示求多项式 p 在 x 中各元素的值。

polyvalm(p,x)　求多项式 p 对于矩阵 X 的值,X 可以是数量或矩阵。x 如果是数量,求得的值与函数 polyval 相同,如果 X 是矩阵则结果必须是方阵。

例 5-5　求多项式 $2x^2 - 3x + 5$ 在 2、4、6、8 处的值;在矩阵 $\begin{bmatrix} 2 & 4 \\ 6 & 8 \end{bmatrix}$ 的值及对于矩阵 $\begin{bmatrix} 2 & 4 \\ 6 & 8 \end{bmatrix}$ 中各元素处的值。

操作步骤:

```
>>p=[2, -3, 5];
>>x1=[2, 4, 6, 8];
>>y1=polyval(p, x1)
y1 =
    7    25    59    109
>>x2=[2, 4;6, 8]
x2 =
    2    4
    6    8
>>y2=polyval(p, x2)
y2 =
    7    25
    59   109
>>y3=polyvalm(p, x2)
```

```
y3 =
    55    68
   102   157
```

通过上例可以得出：设 A 为方阵，P 代表多项式，则：polyval(P,A)等价于 2 * A^3 — 3 * A^2 + 5 * ones(size(A));polyvalm(P,A)等价于 2 * A^3 — 3 * A^2 + 5 * eye(size(A))。

2. 求多项式的根

可以直接调用 MATLAB 的函数 roots 求解多项式的所有根。

调用形式为：R=roots(C)，其中，输入参数 C 是多项式系数行向量，输出参数 R 是多项式的根，一般用列向量表示。

例 5-6 求出多项式 $x^3 + 2x^2 - 5x - 6 = 0$ 的根。

操作步骤：

```
>>a=[1 2 -5 -6];
>>r=roots(a)
r =
    2.0000
   -3.0000
   -1.0000
>>poly(r)
ans =
    1.0000    2.0000    -5.0000    -6.0000
```

3. 多项式的乘、除法运算

多项式的乘法和除法实质上就是多项式系数向量的卷积与解卷运算。多项式的乘法用函数 conv 实现，此函数也是向量的卷积函数。

调用格式为：c=conv(a,b)，即求多项式 a 和 b 的乘法，如果向量 a 的长度为 m，b 的长度为 n，则 c 的长度为 m+n-1。

多项式的除法用函数 deconv 实现，此函数也是向量的卷积函数的逆函数。

调用格式为：[b,r]=deconv(c,a)，即向量 a 对向量 c 进行解卷，得到商向量 b 和余量 r。

例 5-7 （1）求两多项式 $3x^4 - 2x^3 + 4x^2 - x + 2$ 和 $2x^3 - x^2 + x + 2$ 的乘积。
　　　　　（2）求上述结果被 $2x^3 - x^2 + x + 2$ 除所得的结果。

操作步骤：

```
>>a=[3 -3 4 -1 2];
>>b=[2 -1 1 2];
>>c=conv(a, b)
c =
```

```
        6    -9    14    -3    3    5    0    4
>>[d, r]=deconv(c, b)
d =
        3    -3    4    -1    2
r =
        0    0    0    0    0    0    0    0
```

4. 多项式的微积分

MATLAB 中多项式的微分函数为 polyder,多项式的积分函数为 polyint。两个函数的调用格式如下。

polyder(a)　　求系数行向量为 a 的多项式的微分。

polyint(a)　　求系数行向量为 a 的多项式的积分。

例 5-8　　(1) 求多项式 $x^5-5x^4+3x^3-6x^2+4x-10$ 的微分。
　　　　　　(2) 对上述结果求积分。

操作步骤:

```
>>a=[1 -5 3 -6 4 -10];
>>d=polyder(a)
d =
        5    -20    9    -12    4
>>poly2sym(d)
ans =
        5*x^4-20*x^3+9*x^2-12*x+4
>>polyint(d)
ans =
        1    -5    3    -6    4    0
```

5. 多项式的部分分式展开

对于多项式 $b(x)$ 和不含重根的 n 阶多项式 $a(x)$ 之比,有如下展开:

$$\frac{b(x)}{a(x)} = \frac{r_1}{x-p_1} + \frac{r_2}{x-p_2} + \cdots + \frac{r_n}{x-p_n} + k(x)$$

式中,p_1、p_2、$\cdots$、p_n 称为极点(Poles),r_1、r_2、$\cdots$、r_n,称为留数(Residue),$k(x)$ 称为直项(Direct term)。

假如 $a(x)$ 有 m 重根 $p(j)=\cdots=p(j+m-1)$,则相应部分写成:

$$\frac{r_j}{x-p_j} + \frac{r_{j+1}}{(x-p_j)^2} + \cdots + \frac{r_{j+m-1}}{(x-p_j)^m}$$

在 MATLAB 中,两个多项式之比用部分分式展开的函数为 residue,它有以下两种调用方法。

[r,p,k]=residue(b,a)　　求多项式之比 $b(x)/a(x)$ 的部分分式展开,输出参数 r 为留数,p 为极点,k 为直项。

[b,a]=residue(r,p,k)　从部分分式得出多项式表达式 $b(x)$ 和 $a(x)$ 的系数向量，结果为对于表达式分母的归一形式。

例 5-9　两个多项式的比为 $\dfrac{x+2}{x^2+3x-4}$，求部分分式展开，再将展开的结果转换回原来的两个多项式。

操作步骤：

```
>>a=[1, 3, -4]
>>b=[1, 2]
>>[r, p, k]=residue(b, a)
r =
    0.4000
    0.6000
p =
   -4
    1
k =
    []
>>[b, a]=residue(r, p, k)
b =
    1    2
a =
    1    3    -4
```

6. 多项式拟合

对于实验数据或统计数据，为了描述不同变量之间的关系，经常采用拟合曲线的方法，根据已知数据找出相应函数的系数。MATLAB 中多项式拟合的函数为 polyfit，采用最小二乘法对给定的数据进行多项式拟合，给出拟合的多项式系数。函数的格式如下。

p=polyfit(x,y,n)　应用最小二乘法求出 n 阶拟合多项式 $p(x)$，即用 $p(x)$ 拟合 $y(x)$。x、y 为数据的横、纵坐标向量，n 为拟合多项式的阶数，输出参数 p 为多项式 $p(x)$ 的系数向量。

例 5-10　$x=1:10$，$y=\sqrt{x}+3\cos(x)$，求 $y(x)$ 的 5 阶拟合多项式。

操作步骤：

```
>>x=1:10;
>>y=sqrt(x)+3*cos(x);
>>p=polyfit(x, y, 5)
p =
    0.0074   -0.1737    1.3312   -3.3680    0.3459    4.5606
```

将原始数据点和拟合曲线绘制在同一个坐标系中，原始数据用"o"表示（见图 5-1）。

```
>>x1=1:0.1:10;
>>plot(x, y, 'o', x1, polyval(p, x1), '-')
```

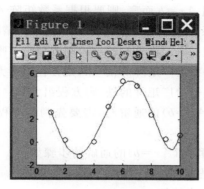

图 5-1 多项式拟合

5.2 求解线性方程组

5.2.1 齐次线性方程组的解法

对于齐次线性方程组 $Ax=0$ 而言,可以通过求系数矩阵 A 的秩来判断解的情况。

(1) 如果系数矩阵的秩$=n$(方程组中未知数的个数),则方程组只有零解。

(2) 如果系数矩阵的秩$<n$,则方程组有无穷多解。

可以利用 MATLAB 函数 null(A)求它的一个基本解。

例 5-11 用 MATLAB 求解方程组 $\begin{cases} x_1+x_2+x_3+x_4-3x_5-x_6+x_7=0 \\ x_1+x_5+x_6=0 \\ -2x_1-x_4-x_6-2x_7=0 \end{cases}$ 的解。

操作步骤:

```
>>A=[1 1 1 1 -3 -1 1;1 0 0 0 1 1 0;-2 0 0 -1 0 -1 -2];
>>r=rank(A);        %求矩阵 A 的秩
>>x=null(A)         %求方程组的 n-r 个标准正交基
```

得到解为:
```
x =
  -0.2555    0.0565   -0.3961   -0.3138
  -0.0215    0.7040    0.5428    0.0967
   0.2218   -0.1603   -0.2941    0.7991
   0.8915    0.0717   -0.0151   -0.2386
   0.1752    0.4429   -0.2353    0.2039
   0.0803   -0.4994    0.6314    0.1099
  -0.2304    0.1573    0.0879    0.3781
```

5.2.2 非齐次线性方程组的解法

对于非齐次线性方程组 $Ax = b$ 而言,则要根据系数矩阵 A 的秩、增广矩阵 $B = [A\ b]$ 的秩和未知数个数 n 的关系才能判断方程组 $Ax = b$ 的解的情况。

(1) 如果系数矩阵的秩＝增广矩阵的秩＝n,则方程组有唯一解。

(2) 如果系数矩阵的秩＝增广矩阵的秩＜n,则方程组有无穷多解。

(3) 如果系数矩阵的秩＜增广矩阵的秩,则方程组无解。

求非齐次线性方程组($Ax = b$)的通解时,需要先判断方程组是否有解,若有解,再去求通解。

因此,求非齐次线性方程组($Ax = b$)的通解的步骤如下。

第一步:判断 $Ax = b$ 是否有解,若有解则进行第二步。

第二步:求 $Ax = b$ 的一个特解。

第三步:求 $Ax = 0$ 的通解。

第四步:$Ax = b$ 的通解为 $Ax = 0$ 的通解加上 $Ax = b$ 的一个特解。

对于非齐次线性方程组 $Ax = b$ 而言,首先,应判断方程组的解的情况;其次,若有解,先求出方程组的特解;再次,求出对应齐次方程组 $Ax = 0$ 的通解;最后,写出非齐次方程组的通解,即特解＋对应齐次方程组的通解。

用 MATLAB 求解时,求 $Ax = b$ 对应的齐次方程组 $Ax = 0$ 的通解可以利用函数 null;求 $Ax = b$ 的特解时,根据方程组中方程的个数 m 和未知数的个数 n 可以将方程组 $Ax = b$ 分为:恰定方程组($m = n$)、超定方程组($m > n$)、欠定方程组($m < n$)。

(1) $m = n$,恰定方程组,可以尝试计算精确解。

(2) $m > n$,超定方程组,可以尝试计算最小二乘解。

(3) $m < n$,欠定方程组,可以尝试计算含有至少 m 个解的基解。

下面介绍这 3 种方程组求特解的方法。

① 恰定方程组求特解

方程组 $Ax = b(m = n, A$ 为非奇异)

$$x = A \backslash b$$

若 A 为近似奇异矩阵,$A \backslash b$ 给出警告信息;

若 A 为奇异矩阵,则 $A \backslash b$ 给出出错信息。

② 超定方程组求特解

方程 $Ax = b$ 在 $m > n$ 时,一般求最小二乘解。

x=A\b ％MATLAB 用最小二乘法找出一个准确的基本解

③ 欠定方程组求特解

当方程数少于未知量个数时($m < n$),有无穷多个解存在。

MATLAB 可求出两个解:用除法求得的解 x 是具有最多零元素的解;基于伪逆 pinv 求得的解是具有最小长度或范数的解。

下面举例说明非齐次线性方程组求通解的方法。

例 5-12　求方程组 $\begin{cases} x_1 + x_2 + x_3 + x_4 - 3x_5 - x_6 + x_7 = 1 \\ x_1 + x_5 + x_6 = 0 \\ -2x_1 - x_4 - x_6 - 2x_7 = 1 \end{cases}$ 的解。

操作步骤：

（1）选择 File→New→Script 命令，打开 M 文件编辑器，在编辑器窗口中输入下面内容并保存。

```
%文件名为 e5_12
clear all
A=[1 1 1 1 -3 -1 1;1 0 0 0 1 1 0;-2 0 0 -1 0 -1 -2];
b=[1,0,1]';                    %输入矩阵 A, b
[m,n]=size(A);
R=rank(A);
B=[A b];
Rr=rank(B);
%format rat
if R==Rr&R==n              %n 为未知数的个数，判断是否有唯一解
    x=A\b;
elseif R==Rr&R<n            %判断是否有无穷解
    x=A\b                  %求特解
%求 Ax=0 的基础解系，所得 C 为 n-R 列矩阵，这 n-R 列即为对应的基础解系
    C=null(A,R)            %方程组通解 x=k(p)*C(:,P)(p=1,...,n-R)
else X='Nosolution'        %判断是否无解
end
```

（2）在命令窗口中运行 M 文件。

```
>>e5_12
x =
    0.5000
         0
         0
         0
   -0.5000
         0
   -1.0000
C =
   -0.1031   -0.0385   -0.5283    0.1804
    0.4370   -0.5708    0.4381    0.3022
   -0.1911   -0.1426    0.1355   -0.8513
    0.7659    0.4573    0.0028   -0.2480
    0.3161   -0.3617   -0.1450   -0.2684
   -0.2130    0.4003    0.6733    0.0879
   -0.1733   -0.3902    0.1902   -0.1004
```

5.3 差分和梯度

5.3.1 差分

求向量或矩阵差分的函数是 diff,该函数的调用格式如下。

Y＝diff(X)　计算相邻元素的差分。

（1）对于向量,返回一个较原向量少一个元素的向量。

[X(2)-X(1), X(3)-X(2),...,X(n)-X(n-1)]

（2）对于矩阵,返回一个比原矩阵少一行的矩阵,值为矩阵列的差分。

[X(2:m,:)-X(1:m-1,:)]

Y＝diff(X,n)　求 n 阶差分,即 diff(X,2)＝diff(diff(X))。

Y＝diff(X,n,dim)　按指定维数 dim 求 n 阶差分,dim＝1 时对列求差分,dim＝2 时对行求差分。

例 5-13 求差分。

操作步骤：

```
>>A=[1, 2, 3, 4, 5];
>>diff(A)
   ans =
          1    1    1    1
>>B(:,:,1)=[1, 2;3, 4];
>>B(:,:,2)=[5, 6;7, 8];
>>diff(B,1,2)
   ans(:,:,1) =
          1
          1
   ans(:,:,2) =
          1
          1
>>diff(B,1,3)
   ans =
          4    4
          4    4
```

5.3.2 数值梯度

在 MATLAB 中求数值梯度的函数是 gradient,该函数的调用格式如下。

[Fx,Fy,Fz,...]＝gradient(F)　如果 F 是一维的,那么只返回 F 的一维数值梯度

Fx，即 $\dfrac{\partial F}{\partial x}$；如果 F 是二维的，则返回 Fx 和 Fy，即 $\dfrac{\partial F}{\partial x}, \dfrac{\partial F}{\partial y}$，分别对应矩阵的列方向和行方向，以此类推。

[...]＝gradient(F,h1,h2,...)　指定 n 个方向上相邻点之间的间距，如果不指定，默认值为 1。

例 5-14　求梯度。

操作步骤：

```
>>A=round(10 * rand(3, 4))   % round 为四舍五入函数
A =
    2    9    5    6
    7    9    9    8
    4    6    8    7
>> [Fx, Fy]=gradient(A)
Fx =
    7.0000    1.5000   -1.5000    1.0000
    2.0000    1.0000   -0.5000   -1.0000
    2.0000    2.0000    0.5000   -1.0000
Fy =
    5.0000         0    4.0000    2.0000
    1.0000   -1.5000    1.5000    0.5000
   -3.0000   -3.0000   -1.0000   -1.0000
```

例 5-15　计算 $z = x\mathrm{e}^{(-x^2 - y^2)}$ 在 x 方向和 y 方向的梯度。

操作步骤：

（1）选择 File→New→Script 命令，打开 M 文件编辑器，在编辑器窗口中输入下面内容并保存。

```
% 文件名为 e5_15
v =-2:0.2:2;
[x,y] =meshgrid(v);
z =x * exp(-x^2 -y^2);
[px,py] =gradient(z,0.2,0.2);
contour(v,v,z), hold on;
quiver(v,v,px,py), hold off;
```

（2）在命令窗口中运行 M 文件。

```
>>e5_15
```

其结果如图 5-2 所示。

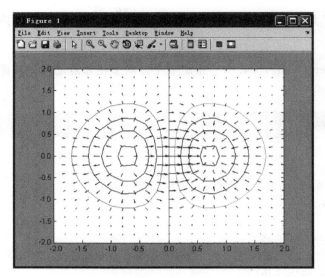

图 5-2　例 5-15 结果

5.4　插值和拟合

5.4.1　插值

插值是在给定的某些数据点集合之间估计一个函数值的方法。MATLAB 提供了多种插值函数以满足不同要求。本小节主要介绍一维插值和二维插值函数。

1. 一维插值

一维插值就是对一维函数 $y = f(x)$ 的数据进行插值，是最常用的插值运算，MATLAB 中的一维插值函数是 interp1，其调用格式如下。

yi＝interp1(x,Y,xi,method)　输入参数 x 为原始数据点的横坐标向量，Y 为纵坐标向量或矩阵，method 为插值方法选项。如果 Y 是向量，则 yi 大小和 x 相同。如果 Y 是矩阵，那么插值按照 Y 的列向量进行，返回值 yi 的列数和矩阵 Y 的列数相等，行数和 xi 中元素个数相同，xi 为插值点的横坐标，yi 是与 xi 对应的插值结果。

一维插值有 4 种方法，分别为以下方法。

（1）邻近点插值（method＝'nearest'）将插值结果的值设置为最近数据点的值。

（2）线性插值（method＝'linear'）在两个数据点之间连接直线，根据给定的插值点的横坐标计算出它们在直线上的值作为插值结果，为默认形式。

（3）三次样条插值（method＝'spline'）通过数据点拟合出三次样条曲线，根据给定的插值点的横坐标计算出它们在曲线上的值作为插值结果。

（4）立方插值（method＝'pchip'/'cubic'）通过三次多项式计算插值结果。

由于在很多情况下，三次样条插值效果最好，MATLAB 还专门提供了三次样条插值函数 yi＝spline(x,Y,xi),其输入、输出参数含义同上。

例 5-16　一维插值函数插值方法的比较。

操作步骤：

(1) 选择 File→New→Script 命令,打开 M 文件编辑器,在编辑器窗口中输入下面内容并保存。

```
%文件名为 e5_16
  clear
  x=0:2*pi;y=cos(x);xi=0:0.1:2*pi;
  method={'nearest','linear','spline','cubic'}  %将插值方法定义成单元数组
  lable={'(a) method=nearest','(b) method=linear','(c) method=spline','(b)
method=cubic'};
  for i=1:4
    yi=interp1(x,y,xi,method{i});
    subplot(2,2,i),plot(x,y,'ro',xi,yi,'b'),xlabel(lable{i})
                                              %在一个图形窗口中绘制 4 幅图形
  end
```

(2) 在命令窗口中运行 M 文件,其结果如图 5-3 所示。

```
>>e5_16
```

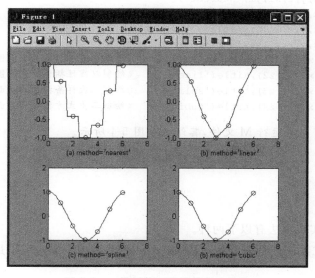

图 5-3　一维插值 4 种插值方法比较

2. 二维插值

二维插值与一维插值的基本思想相同,它是对两个自变量的函数 $z＝f(x,y)$ 进行插值。MATLAB 中二维插值函数为 interp2,其调用格式如下。

ZI＝interp2(X,Y,Z,XI,YI,method)　在已知(X,Y,Z)三维栅格点的基础上,在(XI,YI)这些点上用 method 插值方法估计函数值。

二维插值有以下 4 种插值方法。

(1) 邻近点插值(method＝'nearest')。

(2) 双线性插值(method＝'linear') 该方法是 interp2 的默认插值形式。

(3) 三次样条插值(method＝'spline')。

(4) 二重立方插值(method＝'cubic')。

例 5-17　二维插值方法比较。

操作步骤:

(1) 选择 File→New→Script 命令,打开 M 文件编辑器,在编辑器窗口中输入下面内容并保存。

```
%文件名为 e5_17
clear
[x,y,z]=peaks(6);        %产生 3 个 n×n 阶的高斯分布矩阵,对应的图形为凹凸有致的曲面,
                         %包含了 3 个局部极大点和 3 个局部极小点
surf(x,y,z)              %画出表面图
[xi,yi]=meshgrid(-3:0.2:3,-3:0.2:3);      %生成供插值的数据
z1=interp2(x,y,z,xi,yi,'nearest');
z2=interp2(x,y,z,xi,yi,'linear');
z3=interp2(x,y,z,xi,yi,'spline');
z4=interp2(x,y,z,xi,yi,'cubic');
figure,surf(xi,yi,z1),title('nearest')    %绘制邻近点插值的表面图
figure,surf(xi,yi,z2),title('linear')     %绘制双线性插值的表面图
figure,surf(xi,yi,z3),title('spline')     %绘制三次样条插值的表面图
figure,surf(xi,yi,z4),title('cubic')      %绘制二重立方插值的表面图
```

(2) 在命令窗口中运行 M 文件,其结果如图 5-4 所示。

```
>>e5_17
```

5.4.2　拟合

数据拟合的实现方法有以下两种。

(1) 用最小二乘法进行拟合的函数 polyfit(见 5.1.2 小节),求得最小二乘拟合多项式的系数。

(2) 通过求解超定方程组得到拟合曲线。

例 5-18　有一组测量数据见表 5-1。

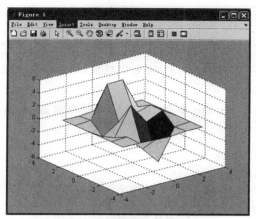

(a) 原始数据表面图

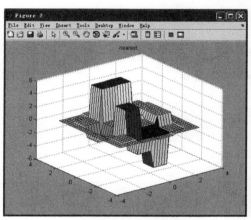

(b) 邻近点插值表面图

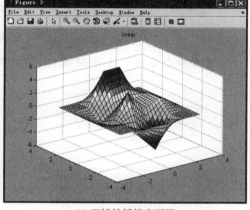

(c) 双线性插值表面图

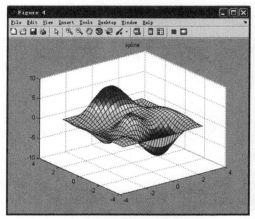

(d) 三次样条插值表面图

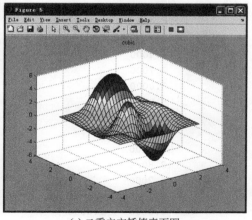

(e) 二重立方插值表面图

图 5-4　二维插值 4 种插值方法比较

表 5-1 测量数据

x	1.0	1.5	2.0	2.5	3.0	3.5	4.0	4.5	5.0
y	−1.4	2.7	3.0	5.9	8.4	12.2	16.6	18.8	26.2

假设已知该数据具有 $y=c_1+c_2x^2$ 的变化趋势,试求出满足此数据的最小二乘解。

操作步骤:

(1) 选择 File→New→Script 命令,打开 M 文件编辑器,在编辑器窗口中输入下面内容并保存。

```
%文件名为 e5_18
x=[1,1.5,2,2.5,3,3.5,4,4.5,5]'
y=[-1.4,2.7,3.0,5.9,8.4,12.2,16.6,18.8,26.2]'
e=[ones(size(x)),x.^2]
c=e\y                       %解超定方程组求 c=[c1, c2]'
x2=[0:0.1:5]';
y2=[ones(size(x2)),x2^2]*c;
figure
plot(x2,y2,'k',x,y,'r*')    %用"*"表示原始数据点,实线表示拟合曲线
```

(2) 在命令窗口中运行 M 文件,其结果如图 5-5 所示。

```
>>e5_18
    x =
         1.0000
         1.5000
         2.0000
         2.5000
         3.0000
         3.5000
         4.0000
         4.5000
         5.0000
    y =
        -1.4000
         2.7000
         3.0000
         5.9000
         8.4000
        12.2000
        16.6000
        18.8000
        26.2000
    e =
         1.0000    1.0000
         1.0000    2.2500
         1.0000    4.0000
         1.0000    6.2500
         1.0000    9.0000
```

```
        1.0000    12.2500
        1.0000    16.0000
        1.0000    20.2500
        1.0000    25.0000
    c =
        -1.0685
         1.0627
```

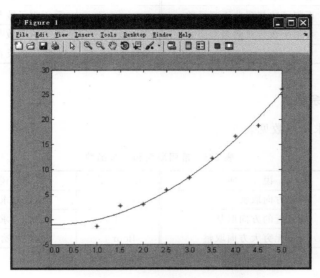

图 5-5 原始数据点和拟合曲线

5.5 基本数学函数

本节简要介绍常用基本数学函数,给出函数名称和其作用,具体使用格式可参照 MATLAB 中的帮助信息。

1. 三角函数

以正弦函数 sin 与双曲正弦函数 sinh 为例说明常用三角函数用法,基调用格式如下。

Y＝sin(X) 计算参量 X(可以是向量、矩阵,元素可以是复数)中每一个角度分量的正弦值 Y,所有分量的角度单位为弧度。

Y＝sinh(X) 计算参量 X 的双曲正弦值 Y。

注意:sin(pi)并不是零,而是与浮点精度有关的无穷小量 eps,因为 pi 仅仅是精确值 π 浮点近似的表示值而已,同理 sec(pi/2)并不是无穷大,而是与浮点精度有关的无穷小量 eps 的倒数(其他三角函数类似)。对于复数 $z＝x＋iy$,正弦函数的定义为:

$$\sin(x+iy) = \sin(x)*\cos(y)+i*\cos(x)*\sin(y), \quad \sin(z)=\frac{e^{iz}-e^{-iz}}{2i}$$

常用三角函数见表 5-2。

表 5-2　常用三角函数

函　　数	说　　明	函　　数	说　　明
sin、sinh	正弦函数与双曲正弦函数	asin、asinh	反正弦函数与反双曲正弦函数
cos、cosh	余弦函数与双曲余弦函数	acos、acosh	反余弦函数与反双曲余弦函数
tan、tanh	正切函数与双曲正切函数	atan、atanh	反正切函数与反双曲正切函数
cot、coth	余切函数与双曲余切函数	acot、acoth	反余切函数与反双曲余切函数
sec、sech	正割函数与双曲正割函数	asec、asech	反正割函数与反双曲正割函数
csc、csch	余割函数与双曲余割函数	acsc、acsch	反余割函数与反双曲余割函数
		atan2	四象限的反正切函数

2．取整和求余函数

常用取整和求余函数见表 5-3。

表 5-3　常用取整和求余函数

函　　数	说　　明	函　　数	说　　明
fix	朝零方向取整	rem	无符号求余函数
roud	朝最近的方向取整	mod	带符号求余函数
ceil	朝正无穷大方向取整	floor	朝负无穷大方向取整

3．其他常用函数

其他常用函数见表 5-4。

表 5-4　其他常用函数

函　　数	功　　能	函　　数	功　　能
exp	以 e 为底数的指数函数	abs	数值的绝对值与复数的幅值
expm	求矩阵的以 e 为底数的指数函数	imag	复数的虚数部分
log	自然对数，以 e 为底数的对数	real	复数的实数部分
log10	常用对数，以 10 为底数的对数	angle	复数的相角
log2	以 2 为底数的对数	complex	用实数与虚数部分创建复数
pow2	2 的幂	sort	将输入参量中的元素按从小到大的方向重新排列
sqrt	求平方根	nchoosek	二项式系数或所有的组合数。该命令只在 $n<15$ 时有用

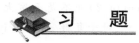

习　题

1．生成多项式的方法有哪几种？举例说明。

2．将 $[0.23，-2.6，6.96，4.41]$ 进行四舍五入取整、朝零取整、朝正无穷和负无穷取整。

3. 求方程 $x^3 + 2x^2 - 11x - 12 = 0$ 的解。

4. 已知根矢量为 $[3\ 6\ 1\ 1.5]$，求其对应的多项式。

5. 求 $y = x^3 - 2x + 3$ 在 $[1.2, 5, 7]$ 处的值，以及 $x = [2, 3; 1, 4]$ 时 y 的值。

6. 求以下方程组的解。

(1) $\begin{cases} 2x_1 - x_2 + 3x_3 = 0 \\ 2x_1 + x_2 + x_3 = 0 \\ 4x_1 + x_2 + 2x_3 = 0 \end{cases}$ (2) $\begin{cases} x_1 + x_2 + 2x_3 - x_4 = 0 \\ 2x_1 + x_2 + x_3 - x_4 = 0 \\ 2x_1 + 2x_2 + x_3 + 2x_4 = 0 \end{cases}$

7. 求以下方程组的解。

(1) $\begin{cases} x_1 + 2x_2 + x_3 - x_4 = 2 \\ x_1 + x_2 + 2x_3 + x_4 = 3 \\ x_1 - x_2 + 4x_3 + 5x_4 = 2 \end{cases}$ (2) $\begin{cases} 2x + 3y + z = 4 \\ x - 2y + 4z = -5 \\ 3x + 8y - 2z = 13 \\ 4x - y + 9z = -6 \end{cases}$

8. 求多项式 $3x^3 - 2x + 4$ 的积分，并对结果求微分。

9. 有一组测量数据见表 5-5。

表 5-5　测量数据

x	0.0	0.3	0.8	1.1	1.6	2.2
y	0.82	0.72	0.63	0.60	0.55	0.50

(1) 对上述数据进行三次样条插值，并在同一图形窗口中绘制原测量数据（红色"○"）和插值之后的数据点构成的曲线（蓝色实线），给 x 轴加标注"x"，y 轴加标注"y"，在 $(2, 16)$ 坐标处输出"spline"。

(2) 假设已知该数据具有 $y = c_1 + c_2 e^{-t}$ 的变化趋势，试求出满足此数据的最小二乘解，并打开一新图形窗口，绘制原测量数据（红色"＊"）和数据变化趋势曲线（黑色实线）（给出求解命令，不必算出结果）。

10. $x = 0 : 0.1 : 6，y = \sin(x) + e^x$，求其 5 阶拟合多项式，并绘制拟合曲线，标注原数据点。

第6章
◈ 符 号 运 算

在数值计算中,由于受计算所保留有效位数的限制,每次计算都会引入一定的舍入误差,重复多次数值计算就会造成很大的累积误差,所得解都是工程实际中用到的近似解,而且在日常生活中也存在一些无法用数值计算描述的问题。符号运算是指在解数学表达式或方程时,根据一系列恒等式和数学定理,通过推理和演绎获得解析结果。这种运算是建立在数值表达准确和推理严格解析的基础上的,因此所得结果是完全准确的。

MATLAB2009 的符号运算函数涵盖了符号矩阵分析、符号多项式函数、符号级数、符号微积分、符号积分变换、符号微分方程和代数方程的求解等方面,所以符号运算具有更广泛的应用范围。

6.1 符 号 对 象

创建符号对象

进行符号运算首先要建立符号对象,符号对象包括符号数字、符号变量、符号表达式和符号矩阵。

MATLAB 的符号工具箱提供了两个命令来创建符号对象。

1. sym 命令

S=sym(A) 建立一个 sym 类对象 S。如果 A 是字符串,则 S 是符号变量或符号数字;如果 A 是数值标量或矩阵,则 S 是这些数值的符号形式。

x=sym('x',参数) 建立符号变量 x,变量的值为单引号内的字符串。其中,"参数"用来限定符号变量的数据域,如果参数省略,表示符号变量的数据域为复数域。参数也可取下面的字符串。

'real' 表示 x 为实数符号变量,此时 conj(x)=x。

'positive' 表示 x 为正实数符号变量。

'clear' 表示 x 为纯粹符号变量,无附加属性(既非 positive,也非 real)。常用来清除 x 的实型属性。

S=sym(A,flag) 建立一个 sym 类对象 S,A 为数值标量或矩阵,S 的值是将 A 按 flag 的格式要求转换为的符号形式。其中 flag 的含义见表 6-1。

表6-1   flag 的含义

flag	含 义
'r'	表示有理数,给出最接近的有理分数表示的符号数字(为系统默认方式),可表示为 p/q、p * pi/q、$10^{\wedge}$q、p/q、$2^{\wedge}$q 和 sqrt(p)形式之一
'f'	表示浮点数,给出形如 N * $2^{\wedge}$e 或 $-$N * $2^{\wedge}$e 的符号数字,其中 N 和 e 为整数且 N≥0
'd'	表示十进制数,给出近似的十进制数的符号数字
'e'	表示误差估计,给出理论有理数表示和实际浮点数表示之间的估计误差符号数字

2. syms 函数

sym 函数只能创建一个符号变量,如果要同时创建多个符号变量,可以使用 syms 命令,该函数的调用格式如下。

syms(arg1,arg2,…,参数)   创建变量 arg1、变量 arg2 等多个符号变量。参数可取 'real'、'positive'和'clear',含义同上。

例 6-1   创建符号数字。

操作步骤:

```
>>k=sym('5')
  k=
        5
>>sqrt(k)
  ans =
        5^(1/2)
>>sym(2/5)+sym(1/3)
  ans =
        11/15
```

例 6-2   双精度数值转化为符号数字。

操作步骤:

```
>>c1=sym(0.1,'r')
  c1 =
      1/10
>>c2=sym(1/10,'d')
  c2=
      0.10000000000000000555111512312578
>>c3=sym(3 * pi/4,'e')
  c3 =
      (3 * pi)/4 - (103 * eps)/249
```

例 6-3   创建符号变量。

操作步骤:

```
>>x=sym('x')
x=
      x
>>y=sym('y','real')
    y=
      x
>>f=x+y
f=
      x+y
```

例 6-4 创建符号表达式。

操作步骤：

```
>>f =sym('a * x^2 +b * x +c')
f =
  a * x^2 +b * x +c
```

也可以作以下操作：

```
>>syms a b c x
>>f =a * x^2 +b * x +c
  f =
    a * x^2 +b * x +c
```

例 6-5 创建符号矩阵。

操作步骤：

```
>>syms  a b c d
>>A=[a,b;c,d]
A =
[ a, b]
[ c, d]
>>B =hilb(3)
B =
    1.0000    0.5000    0.3333
    0.5000    0.3333    0.2500
    0.3333    0.2500    0.2000
>>B =sym(B)
  B =
[   1, 1/2, 1/3]
[ 1/2, 1/3, 1/4]
[ 1/3, 1/4, 1/5]
```

6.2   符号表达式的基本操作

6.2.1   符号表达式的基本运算

符号运算的运算符和基本函数在名称与用法上与数值计算中的运算符和基本函数几

乎完全相同,只是在符号对象的比较中没有"大于"、"大于等于"、"小于"、"小于等于"的运算,而只有"相等"和"不相等"的运算。

例 6-6 符号表达式的算术运算。

操作步骤:

```
>>syms x
>>num = 3 * x^2 + 6 * x - 1;
>>denom = x^2 + x - 3;
>>f = num/denom
f =
    (3 * x^2 + 6 * x - 1)/(x^2 + x - 3)
```

例 6-7 求矩阵 $A = \begin{bmatrix} a_{11} & a_{12} \\ a_{21} & a_{22} \end{bmatrix}$ 的行列式值、逆和特征根。

操作步骤:

```
>>syms a₁₁ a₁₂ a₂₁ a₂₂;A=[a₁₁, a₁₂;a₂₁, a₂₂]
>>DA=det(A), IA=inv(A), EA=eig(A)
DA =
a₁₁ * a₂₂ - a₁₂ * a₂₁
IA =
[   a₂₂/(a₁₁ * a₂₂ - a₁₂ * a₂₁), -a₁₂/(a₁₁ * a₂₂ - a₁₂ * a₂₁)]
[ -a₂₁/(a₁₁ * a₂₂ - a₁₂ * a₂₁),  a₁₁/(a₁₁ * a₂₂ - a₁₂ * a₂₁)]
EA =
    a₁₁/2 + a₂₂/2 - (a₁₁^2 - 2 * a₁₁ * a₂₂ + a₂₂^2 + 4 * a₁₂ * a₂₁)^(1/2)/2
    a₁₁/2 + a₂₂/2 + (a₁₁^2 - 2 * a₁₁ * a₂₂ + a₂₂^2 + 4 * a₁₂ * a₂₁)^(1/2)/2
```

6.2.2 自由符号变量

MATLAB 按以下规则确定自变量。

(1) 小写字母 i、j、pi、inf、nan、eps 不能作为自由变量。

(2) 符号表达式中如果有多个符号变量,则按照以下顺序选择自由变量:首先选择 x 作为自由变量;如果没有 x,则选择在字母顺序中最接近 x 的字符变量;如果与 x 相同距离,则在 x 后面的优先。

(3) 可以人为指定。

确定自由符号变量的命令有 findsym 和 symvar。

① findsym

findsym(S)　给出符号表达式 S 中所有的符号变量。

findsym(S,n)　给出符号表达式中的最接近 x 的 n 个自变量,其中 S 可以是符号表达式或符号矩阵。

② symvar

symvar(S)　以向量的形式显示符号表达式 S 中的所有符号变量。

symvar(S,n)　以向量的形式显示最接近 x 的 n 个符号变量。

例 6-8　创建符号表达式,然后确定符号自变量。

操作步骤:

```
>>f1=sym('a*x+B*y+w')          %创建符号表达式 a*x^2+B*x+c
>>findsym(f1)
  ans =
    B, a, w, x, y              %输出顺序按字母表顺序,先大写字母后小写字母
>>findsym(f1, 1)               %找出 f1 中的默认自变量
  ans =
    x
>>findsym(f1, 2)               %找出 f1 中的两个自变量
  ans =
    x, y
>>symvar(f1)
  ans =
    [B, a, w, x, y]
>>symvar(f1,1)
  ans =
    x
>>symvar(f1,2)
  ans =
    [x, y]
```

6.2.3　符号数字的精度控制

符号运算虽然精确,但是以降低计算速度和增加内在需求为代价换来的,为了兼顾计算精度的速度,MATLAB 针对符号运算提供了一个"变精度"方法,由 digits 和 vpa 函数实现。

(1) digits 函数

digits　显示当前环境下符号数字"十进制浮点"表示的有效数字位数。

digits(n)　设定符号数字"十进制浮点"表示的有效数字位数为 n,默认值为 32 位。

指定了计算精度后,随后的每个符号函数的计算都以新精度为准。当有效位数增加时,计算时间和占用的内存也增加。

(2) vpa 函数

R=vpa(A)　将 A 中的每个元素按照 digits 指定的精度转化为十进制浮点数。

R=vpa(A,n)　将 A 中的每个元素转化为 n 位有效位数的符号对象。

注意:

① vpa(A)的运算精度受它之前运行的 digits(n)控制。

② vpa(A,n) 中的 n 不改变全局的 digits 参数。

③ A 可以是符号对象,也可以是数值对象,但其结果一定是符号数字。

例 6-9 应用 digits 和 vpa 函数设置运算精度。

操作步骤：

```
>>a=sym('pi');     %创建符号对象
>>digits           %显示默认的有效位数
digits = 32
>>vpa(a)           %用默认的位数计算并显示
ans =
3.1415926535897932384626433832795
>>vpa(a, 10)       %按指定的精度计算并显示
ans =
3.141592654
>>digits
digits = 32
>>digits(8)        %改变默认的有效位数
>>vpa(a)           %按 digits 指定的精度计算并显示
ans =
3.1415927
```

6.2.4 符号对象转换为数值对象

一般情况下符号表达式计算的结果为符号值，当需要数值解时，就需要对运算结果做类型转换。符号值可以通过使用函数 double 和 single 转换为数值。double 和 single 的格式分别如下。

r＝double(S)　将符号对象 S 转换为双精度浮点数对象。

r＝single(S)　将符号对象 S 转换为单精度浮点数对象。

例 6-10 建立符号矩阵，并转换为数值矩阵。

```
>>s=sym('[2/3,sqrt(5);sin(2),1]')      %建立符号常数矩阵 s
s =
[    2/3,  sqrt(5)]
[  sin(2),       1]
>>double(s)                            %将 s 转换为数值矩阵
ans =
    0.6667    2.2361
    0.9093    1.0000
```

6.2.5 变量置换

为方便符号运算，MATLAB 中可以通过符号替换将表达式的输出形式简化。替换函数有 subs 和 subexpr。

（1）subs 函数

subs(S)　用从 MATLAB 工作空间中获取的变量值替换符号表达式 S 中的所有同

名符号变量。

subs(S,new) 用变量 new 替换符号表达式 S 中的默认自变量。

subs(S,old,new) 用变量 new 替换符号表达式 S 中的变量 old。

(2) subexpr 函数

如果符号表达式中存在较长的子表达式,subexpr 函数能够自动查找最长的子表达式,并替换为制定的变量,格式如下。

[Y,SIGMA]=subexpr(X,SIGMA) 用符号变量 SIGMA 来置换 X 中的公用子表达式,返回置换后的符号表达式 Y 和子表达式。

例 6-11 根据 subs 的置换规则,分析下列语句的功能。
设工作空间中有 $a=1,b=2$。

操作步骤:

```
>>syms a b x y t
>>y =a * x+b;
>>subs(y)
ans =
x+2
>>subs(cos(a)+sin(b),{a, b},{sym('alpha'),2})
ans =
cos(alpha)+sin(2)
>>subs(exp(a * t),'a',-magic(2))
ans =
[  exp(-t),  exp(-3 * t)]
[ exp(-4 * t),  exp(-2 * t)]
>>subs(x * y, {x, y}, {[0 1;-1 0], [1 -1;-2 1]})
ans =
     0    -1
     2     0
```

例 6-12 解方程 $ax^3+bx+c=0$,通过替换公用子表达式对方程的解进行化简。

操作步骤:

```
>>t=solve('a * x^3+b * x+c=0')
t =

((b^3/(27 * a^3)+c^2/(4 * a^2))^(1/2)-c/(2 * a))^(1/3)-b/(3 * a * ((b^3/(27 * a^3)+
c^2/(4 * a^2))^(1/2)-c/(2 * a))^(1/3))
  b/(6 * a * ((b^3/(27 * a^3)+c^2/(4 * a^2))^(1/2)-c/(2 * a))^(1/3)) - ((b^3/(27 *
a^3)+c^2/(4 * a^2))^(1/2)-c/(2 * a))^(1/3)/2- (3^(1/2) * i * ((b^3/(27 * a^3)+c^2/
(4 * a^2))^(1/2)-c/(2 * a))^(1/3)+b/(3 * a * ((b^3/(27 * a^3)+c^2/(4 * a^2))^(1/2)-
c/(2 * a))^(1/3))))/2
  b/(6 * a * ((b^3/(27 * a^3)+c^2/(4 * a^2))^(1/2)-c/(2 * a))^(1/3)) - ((b^3/(27 *
a^3)+c^2/(4 * a^2))^(1/2)-c/(2 * a))^(1/3)/2+ (3^(1/2) * i * ((b^3/(27 * a^3)+c^2/
(4 * a^2))^(1/2)-c/(2 * a))^(1/3)+b/(3 * a * ((b^3/(27 * a^3)+c^2/(4 * a^2))^(1/2)-
```

```
c/(2*a))^(1/3))))/2
>>[r,s]=subexpr(t,'s')
r =
                                      s^(1/3)-b/(3*a*s^(1/3))
b/(6*a*s^(1/3))-s^(1/3)/2-(3^(1/2)*i*(s^(1/3)+b/(3*a*s^(1/3))))/2
b/(6*a*s^(1/3))-s^(1/3)/2+(3^(1/2)*i*(s^(1/3)+b/(3*a*s^(1/3))))/2
s =
(b^3/(27*a^3)+c^2/(4*a^2))^(1/2)-c/(2*a)
```

6.2.6 反函数和复合函数

在 MATLAB 中,finverse 函数和 compose 函数可以分别求得符号表达式的反函数与复合函数。

finverse(f,v)　对指定自变量 v 的函数 f(v)求反函数。当 v 省略时,则对默认的自变量求反函数。注意 f 必须为符号表达式标量,如果 f 是符号表达式数组,则出错。

compose(f,g)　返回值为 f(g(y)),此时 f= f(x),g=g(y),而 x,y 分别是 f,g 中的默认自变量。

compose(f,g,z)　返回 f(g(z)),此时 f= f(x),g=g(y),而 x,y 分别是 f,g 中的默认自变量。

compose(f,g,x,z)　返回 f(g(z)),如果 f=cos(x/t),compose(f,g,x,z) 返回 cos(g(z)/t), compose(f,g,t,z) 得到 cos(x/g(z))。

compose(f,g,x,y,z)　返回值为 f(g(z))。其中,f 和 g 是符号表达式,x 为 f 中指定的自变量。

如 f=cos(x/t), g=sin(y/u), compose(f,g,x,y,z) 返回 cos(sin(z/u)/t);compose(f,g,x,u,z) 返回 cos(sin(y/z)/t);compose(f,g,t,y,z) 返回 cos(x/sin(z/u));compose(f,g,x,u,z) 返回 cos(x/sin(y/z))。

例 6-13　求 $y=x^2$ 的反函数。

操作步骤:

```
>>syms x;f=x^2;g=finverse(f)
  Warning: finverse(x^2) is not unique.
  g =
  x^(1/2)
>>fg=compose(g,f)        %验算 g(f(x))是否等于 x
fg =
(x^2)^(1/2)
```

分析:执行结果的警告信息表明 $f=x^2$ 的反函数不是唯一的,执行结果中的 $g=\sqrt{x}$ 是其中一个。

例 6-14　求 te^x 的反函数。

操作步骤：

```
>>f=sym('t*e^x')              %原函数
f=
  e^x*t
>>g=finverse(f)               %对默认自由变量 x 求反函数
g=
  log(x/t)/log(e)
>>g=finverse(f,'t')           %对 t 求反函数
g=
  t/(e^x)
```

例 6-15　求 $\sin x$ 和 $\ln x$ 的反函数。

操作步骤：

```
>>syms x ;f=[sin(x) cos(x)];
>>[finverse(f(1))    finverse(f(2))]
  Warning: finverse(sin(x)) is not unique.
  Warning: finverse(cos(x)) is not unique.
  ans =
  [ asin(x), acos(x)]
```

例 6-16　$f=\dfrac{1}{1+x^2}, g=\sin y, h=x^t, p=\mathrm{e}^{-\frac{x}{u}}$，求它们的复合函数。

操作步骤：

```
>>syms x y z t u;
>>f=1/(1+x^2); g=sin(y); h=x^t; p=exp(-y/u);
>>compose(f,g)
  ans=
1/(sin(y)^2+1)
>>compose(f,g,t)
ans=
1/(sin(t)^2+1)
>>compose(h,g,x,z)
ans =
sin(z)^t
>>compose(h,g,t,z)
ans =
x^sin(z)
>>compose(h,p,x,y,z)
ans =
exp(-z/u)^t
>>compose(h,p,t,u,z)
ans =
x^exp(-y/z)
```

6.2.7 符号表达式的化简

MATLAB中提供了一些对符号表达式进行化简的函数,如因式分解、展开、合并、化简、通分等。函数简介见表6-2。

表 6-2 符号表达式的化简函数

函 数	说 明	函 数	说 明
collect(s,x)	合并 s 中 x 的同幂系数,省略 x 表示按默认自变量合并	[N,D]=numden(s)	符号表达式 s 的通分,N 为分子,D 为分母
factor(s)	对 s 进行因式分解,如果 s 为数值则将 s 分解为若干素数的乘积	[r,how]=simple(s)	求出符号表达式 s 的最简型 r,how 为化简规则
horner(s)	符号表达式 s 的嵌套形式	simplify(s)	使用 Maple 的化简规则化简符号表达式
expend(s)	符号表达式 s 的展开	二者的区别是:simple 给出符号表达式的化简过程,simplify 只给出化简后的最简形式	

例 6-17 合并多项式$(x+y)(x^2+y^2+1)$的同类项。

操作步骤:

```
>>syms x y;
>>R1=collect((x+y)*(x^2+y^2+1),y)
R1=
y^3+x*y^2+(x^2+1)*y+x*(x^2+1)
>>R2=collect((x+y)*(x^2+y^2+1))
R2=
x^3+y*x^2+(y^2+1)*x+y*(y^2+1)
>>pretty(R2)          %给出符号表达式的易读形式
  3   2   2       2
 x +y x +(y +1)x+y (y +1)
```

由执行结果可以看出,符号表达式的表示方法更直观。通过函数 pretty 可给出多项式的易读形式,格式如下。

```
pretty(s)
```

MATLAB 2009 对多项式设置了符号多项式、数值系数行向量和易读表示式 3 种表示形式,为了便于理解,各种表示形式之间的转换可通过函数 sym2poly、poly2str 和 poly2sym 实现。下面通过示例说明。

例 6-18 创建符号多项式,并应用函数 sym2poly、poly2str 和 poly2sym 进行各种形式间的转换。

操作步骤:

```
>> syms x;f=2*x^3-x^2+4*x+6;
>> sy2p=sym2poly(f)              %由符号多项式产生数值系数行向量
sy2p =
     2   -1    4    6
>> p2st=poly2str(sy2p,'x')       %将系数行向量变成字符串
p2st =
   2 x^3-1 x^2+4 x+6
>> p2sy=poly2sym(sy2p)
p2sy =
2*x^3-x^2+4*x+6
>> pretty(f)                     %显示符号多项式的易读表示形式
            3    2
        2 x  -x  +4 x+6
```

例 6-19 问 λ 取何值时,以下齐次方程组有非零解?

$$\begin{cases}(1-\lambda)x_1-2x_2+4x_3=0\\2x_1+(3-\lambda)x_2+x_3=0\\x_1+x_2+(1-\lambda)x_3=0\end{cases}$$

分析:方程组有非零解即系数矩阵对应行列式的值为 0,求解 λ 即可。

操作步骤:

```
>> syms a
>> A=[1-a -2 4;2 3-a 1;1 1 1-a];
>> D=det(A)                      %求稀疏矩阵 A 对应行列式的值
D=
-a^3+5*a^2-6*a
>> p=sym2poly(D)                 %将符号多项式转化为数值向量
p =
    -1    5    -6     0
>> roots(p)                      %求多项式 p=0 的根
ans =
        0
    3.0000
    2.0000
```

例 6-20 分解因式 x^3-a^3。

操作步骤:

```
>> syms x a;f=factor(x^3-a^3)
f=
-(a-x)*(a^2+a*x+x^2)
>> pretty(f)
ans=
          2       2
  -(a-x) (a  +a x+x )
```

例 6-21 将 $[x^2+x, y^3-y]$ 写成嵌套形式。

操作步骤：

```
>>syms x y
>>horner([x^2+x;y^3-y])
ans =
    (1+x) * x
  (-1+y^2) * y
```

例 6-22 求全部两位数的素数。

分析：可以用 factor 函数实现，素数分解因数还是它本身。

操作步骤：

(1) 选择 File→New→Script 命令，打开 M 文件编辑器，在编辑器窗口中输入下面内容并保存。

```
sushu=[];
for ii=10:99
    x=factor(ii);
    if x==ii
        sushu=[sushu ii];
    end
end
sushu
```

(2) 在命令窗口中运行 M 文件，其结果如下。

```
>>e6_22
sushu =
Columns 1 through 16
11  13  17  19  23  29  31  37  41  43  47  53  59  61  67  71
Columns 17 through 21
73  79  83  89  9
```

例 6-23 求出符号矩阵 $\left[\dfrac{1}{y}+\dfrac{y}{x}, x+\dfrac{1}{x}\right]$ 各元素的分子、分母。

操作步骤：

```
>>syms x y
>>A=[1/y+y/x,x+1/x];
>>[n,d]=numden(A)
n =
  [ x+y^2,   1+x^2]
d =
  [ y*x,      x]
```

例 6-24 证明正弦函数和余弦函数的两角和、差公式。

操作步骤：

```
>>syms t s
>>expand([sin(t+s) sin(t-s);cos(t+s) cos(t-s)])
ans =
[sin(t) * cos(s)+cos(t) * sin(s),  sin(t) * cos(s)-cos(t) * sin(s)]
[cos(t) * cos(s)-sin(t) * sin(s),  cos(t) * cos(s)+sin(t) * sin(s)]
```

例 6-25 化简 $\sin^2 x + \cos^2 x$。

操作步骤：

```
>>f=sin(x)^2+cos(x)^2;
>>simplify(f)
ans =
     1
>>[r,how]=simple(f)   %如果 r=simple(f),则给出若干种方法的化简结果, r 为最简结果
r =
     1
how =
     simplify
```

6.3   符号微积分

6.3.1   符号极限

极限是微积分的基础,MATLAB 中求函数极限的函数是 limit,其调用格式如下。

limit(f)   求符号函数 f 当默认自变量趋向于 0 时的极限值。

limit(f,a)   求符号函数 f(x) 当默认自变量趋向于 a 时的极限值。

limit(f,x,a)   求符号函数 f 当自变量 x 趋近于常数 a 时的极限值。

limit(f,x,a,'right')   求符号函数 f 的极限值。"right"表示变量 x 从右边趋近于 a。

limit(f,x,a,'left')   求符号函数 f 的极限值。"left"表示变量 x 从左边趋近于 a。

例 6-26 求两个重要极限 $\lim\limits_{x \to 0}\dfrac{\sin x}{x}$ 和 $\lim\limits_{x \to \infty}\left(1-\dfrac{1}{x}\right)^x$。

操作步骤：

```
>>syms x
>>limit(sin(x)/x,x,0)
ans=
1
>>limit((1-1/x)^x,x,inf)
ans =
```

```
1/exp(1)
```

例 6-27 定义法求函数 $f(x)=\sin(x)$ 的导数。

操作步骤：

```
>> syms t x;
>> limit((sin(x+t)-sin(x))/t,t,0)
ans =
    cos(x)
```

6.3.2 符号求和

级数求和运算函数是 symsum，其调用格式如下。

symsum(s,x,a,b)　计算符号表达式 s 的对于变量 x 从 a 到 b 的和。省略 x 表示对默认自变量求和，省略 a、b 时，如果变量为 k，表示 s 对变量 k 求从 0 到 k-1 的和。

例 6-28 计算 $\sum k$，$\sum\limits_{k=0}^{\infty}\dfrac{x^k}{k!}$，$\sum\limits_{t=0}^{t-1}[t,k^2]$。

操作步骤：

```
>> syms x k t
>> symsum(k)
ans=
k^2/2-k/2
>> symsum(x^k/sym('k!'),k,0,inf)
ans =
    exp(x)
>> symsum([t,k^2])          %数组的自变量为 t
ans =
    [ (t*(t-1))/2, k^2*t]
```

6.3.3 符号微分

求符号表达式的微分的函数是 diff，其调用格式如下。

diff(f)　求 f 对默认自变量的一阶微分。

diff(f,t)　求 f 对符号变量 t 的一阶微分。

diff(f,n)　求 f 对默认自变量的 n 阶微分。

diff(f,t,n)　求 f 对符号变量 t 的 n 阶微分。

diff 函数可以用于求一元函数的导数，求参数方程所确定的函数的导数，求多元函数的偏导数。

例 6-29 以 $\lim\limits_{x\to 0}\dfrac{x-\sin x}{x^3}$ 验证罗必塔法则。

分析：罗必塔法则是指在求 $\frac{0}{0}$，$\frac{\infty}{\infty}$ 极限时，可用导数之比的极限来计算（如果导数之比的极限存在或为 ∞）。本例是 $\frac{0}{0}$ 的极限。

操作步骤：

```
>>syms x
>>a1=limit(diff(x-sin(x))/diff(x^3))
a1 =
      1/6
>>a2=limit((x-sin(x))/x^3)
a2 =
      1/6
```

从结果可以看出：a1＝a2。

例 6-30 求导数 $\dfrac{d^2}{dxdt}\begin{bmatrix} t^2 & 2a \\ t\sin(x) & e^x \end{bmatrix}$。

操作步骤：

```
>>syms a t x;
>>f=[t^2,2*a;t*sin(x),exp(x)];
>>dfdxdt=diff(diff(f,x),t)                    %求二阶混合导数
dfdxdt =
      [      0,        0]
      [  cos(x),        0]
```

例 6-31 设 $\begin{cases} x=t\sin t \\ y=t(1-\cos(t)) \end{cases}$，求 $\dfrac{dy}{dx}$。

操作步骤：

```
>>syms t
>>dx_dt=diff(t*sin(t));
>>dy_dt=diff(t*(1-cos(t)));
>>dy_dx=dy_dt/dx_dt
dy_dx =
      (1-cos(t)+t*sin(t))/(sin(t)+t*cos(t))
```

例 6-32 设 $u=\sqrt{x^2+y^2+z^2}$，求 u 的一阶偏导数。

方法 1 操作步骤：

```
>>syms x y z;
>>du_dx=diff((x^2+y^2+z^2)^(1/2), x)          %给出 x 的偏导数
du_dx =
      1/(x^2+y^2+z^2)^(1/2)*x
```

```
>>du_dy=diff((x^2+y^2+z^2)^(1/2), y)      %给出 y 的偏导数
du_dy =
        1/(x^2+y^2+z^2)^(1/2) * y
>>du_dz=diff((x^2+y^2+z^2)^(1/2), z)      %给出 z 的偏导数
du_dz =
        1/(x^2+y^2+z^2)^(1/2) * z
```

方法 2 操作步骤：

```
>>syms x y z ;
>>jacobian((x^2+y^2+z^2)^(1/2),[x y z])
ans =
[ x/(x^2+y^2+z^2)^(1/2), y/(x^2+y^2+z^2)^(1/2), z/(x^2+y^2+z^2)^(1/2)]
```

例 6-33　已知 $e^y + y\sin x - e^x = 0$ 所确定的隐函数 $y(x)$，求 $\dfrac{\mathrm{d}y}{\mathrm{d}x}$。

操作步骤：

```
>>syms x y
>>f=exp(y)+y * sin(x)-exp(x);
>>df_dx=diff(f,x)
df_dx =
y * cos(x)-exp(x)
>>df_dy=diff(f,y)
df_dy=
exp(y)+sin(x)
>>dy_dx=-df_dx/df_dy
dy_dx =
(exp(x)-y * cos(x))/(exp(y)+sin(x))
```

6.3.4 泰勒级数

泰勒级数是一种重要的函数多项式近似表达形式。MATLAB 求函数的泰勒级数的函数为 taylor，其调用格式如下。

taylor（f）　返回符号表达式 f 的 5 阶麦克劳林多项式。

taylor（f,n）　返回符号表达式 f 的最大 n−1 阶麦克劳林多项式。

taylor（f,a）　返回符号表达式 f 在 a 点的近似泰勒多项式。

taylor（f,x）　指定变量 x，返回符号表达式 f 的 5 阶麦克劳林多项式。

例 6-34　已知 $f(x) = e^x$，求：①分别求 5 阶、6 阶泰勒展开式；②分别求 $x=1$、-1 点的泰勒展开式。

操作步骤：

```
>>syms x
>>taylor(exp(x))                %5 阶泰勒展开式
```

```
ans=
x^5/120+x^4/24+x^3/6+x^2/2+x+1
>>taylor(exp(x),7)              %6阶泰勒展开式
ans=
x^6/720+x^5/120+x^4/24+x^3/6+x^2/2+x+1
>>taylor(exp(x),5,1)           %4阶 x=1的泰勒展开式
    ans =
    exp(1)+exp(1)*(x-1)+(exp(1)*(x-1)^2)/2+(exp(1)*(x-1)^3)/6+(exp(1)*
(x-1)^4)/24
>>taylor(exp(x),5,-1)          %4阶 x=-1的泰勒展开式
ans =
    1/exp(1)+(x+1)/exp(1)+(x+1)^2/(2*exp(1))+(x+1)^3/(6*exp(1))+(x+1)^4/
(24*exp(1))
```

6.3.5 符号积分

符号积分函数 int 既可以求定积分,也可以求不定积分,其调用格式如下。

int(s, v)   以 v 为自变量,对被积函数的符号表达式 s 求不定积分。

int(s, v, a ,b)   以 v 为自变量,以 a、b 分别表示定积分的下限和上限,对被积函数的符号表达式 s 求定积分。

注意:没有指定积分变量 v 时,按 findsym 函数确定的默认变量对被积函数的符号表达式 s 求积分。int 函数的嵌套使用可实现二重积分的计算。

与符号微分相比,符号积分要复杂得多,因为函数的积分有时有可能不存在,即使存在也可能限于很多条件无法顺利得出。当不能找到积分时,它将给出警告提示并返回该函数的原表达式。

例 6-35   设 $f(x)=\cos\left(x-\dfrac{\pi}{6}\right)\sin\left(x+\dfrac{\pi}{6}\right)$,求 $f=\displaystyle\int_0^{2\pi} f(x)\mathrm{d}x$。

操作步骤:

```
>>syms x;
>>f=cos(x-pi/6)*sin(x+pi/6) ;
>>s=int(f,x,0,2*pi)            %求符号定积分,执行结果为符号表达式
s =
(pi*3^(1/2))/2
>>double(s)                    %将符号表达式转换为双精度数值
ans =
    2.7207
```

例 6-36   求 $\displaystyle\int_0^x \dfrac{1}{\ln t}\mathrm{d}t$。

操作步骤:

```
>>syms t;F=int('1/log(t)','t',0,'x')
```

```
Warning: Explicit integral could not be found.
F =
piecewise([x<1, Li(x)], [Otherwise, int(1/log(t), t=0..x)])
```

例 6-37 求函数 $f(x,y)=\mathrm{e}^{-\frac{x^2}{3}}\sin(x^2+2y)$ 在区间 $[-1,1]*[-1,1]$ 上的二重积分。

操作步骤：

```
>>syms x y
>>f=int(int(exp(-x^2/3)*sin(x^2+2*y),x,-1,1),y,-1,1)
f=
((-pi)^(1/2)*sin(2)*erf((i+1/3)^(1/2)))/(2*(i+1/3)^(1/2))-((-pi)^(1/2)*
sin(2)*erf((1/3-i)^(1/2)))/(2*(1/3-i)^(1/2))
>>double(f)
  ans =
    0.4658
```

例 6-38 求 $\displaystyle\iint\limits_{x^2+y^2\leqslant 1}\sin(\pi(x^2+y^2))\mathrm{d}x\mathrm{d}y$。

操作步骤：

```
>>syms x y
>>int(int(sin(pi*(x^2+y^2)),y,-sqrt(1-x^2),sqrt(1-x^2)),x,-1,1)
Warning: Explicit integral could not be found.
ans=
int((2^(1/2)*fresnelS(2^(1/2)*(1-x^2)^(1/2))*cos(pi*x^2))/2-(2^(1/2)*
fresnelS(-2^(1/2)*(1-x^2)^(1/2))*cos(pi*x^2))/2+(2^(1/2)*fresnelC(2^(1/2)*
(1-x^2)^(1/2))*sin(pi*x^2))/2-(2^(1/2)*fresnelC(-2^(1/2)*(1-x^2)^(1/2))*
sin(pi*x^2))/2, x=-1..1)
```

由执行结果可以看出，结果中仍带有 int，表明 MATLAB 没有求出这一积分的值，因此采用极坐标可化为二重积分 $\displaystyle\int_0^{2\pi}\mathrm{d}\alpha\int_0^1 r\sin(\pi r^2)\mathrm{d}r$，程序如下。

```
>>syms a r
>>int(int(r*sin(pi*r^2),r,0,1),a,0,2*pi)
ans =
2
```

例 6-39 求曲线积分 $\displaystyle\int_L xy\mathrm{d}s$，其中 L 为曲线 $x^2+y^2=1$ 在第一象限内的一段。

根据曲线积分公式，令 $\begin{cases}x=r\cos\theta,\\ y=r\sin\theta,\end{cases}$

$$原积分=\int_0^{\frac{\pi}{2}}r\cos\theta*r\sin\theta\ \sqrt{r^2\sin^2\theta+r^2\cos^2\theta}\mathrm{d}\theta=\int_0^{\frac{\pi}{2}}r^3\cos\theta\sin\theta\mathrm{d}\theta,\quad r=1。$$

操作步骤：

```
>>syms t;
>>int(cos(t) * sin(t),0,pi/2)
ans =
    1/2
```

6.4 符 号 变 换

积分变换是指通过参变量积分将一个已知函数 f（原函数）变为另一个函数 F（像函数）。

已给 $f(x)$，如果存在（a、b 可为无穷），有 $F(s) = \int_a^b K(s,x) f(x) \mathrm{d}x$，则称 $F(s)$ 为 $f(x)$ 以 $K(s,x)$ 为核的积分变换。

不同的变换核决定了不同的变换名称，积分变换的一项基本应用是解微分方程，求解过程基于这样一种想法：假如不容易从原方程求解 f，则对方程进行变换，如果能从变换后的方程求得解 F，则对 F 进行反变换，即可求得原方程的解 f。积分变换在信号处理和系统动态特性研究中起着重要的作用。最重要的积分变换有傅里叶变换、拉普拉斯变换。

6.4.1 傅里叶变换及其反变换

时域中的 $f(t)$ 与它在频域中的 Fourier 变换 $F(\omega)$ 之间存在以下关系。

$$F(\omega) = \int_{-\infty}^{\infty} f(t) \mathrm{e}^{-j\omega t} \mathrm{d}t$$

$$f(t) = \frac{1}{2\pi} \int_{-\infty}^{\infty} F(\omega) \mathrm{e}^{j\omega t} \mathrm{d}\omega$$

在 MATLAB 中，傅里叶变换及其反变换的函数为 fourier 和 ifourier。ifourier 函数的用法与 fourier 函数基本相同，其调用格式如下。

F＝fourier(f,u,v) 返回函数 f(u) 的 Fourier 变换 F。其中，返回结果 F 是符号变量 v 的函数，当参数 v 省略时，默认返回结果为 w 的函数；当参数 u 省略时，默认自由变量为 x。

f＝ifourier(F,v,u) 返回函数 F(v) 的 Fourier 反变换 f(u)。参数含义同 fourier 函数。

例 6-40 求 $f(x) = \mathrm{e}^{-x^2}$ 的 Fourier 变换。

操作步骤：

```
>>syms x
>>f=exp(-x^2);
>>F=fourier(f)
F=
    pi^(1/2)/exp(w^2/4)
```

```
>>ff=ifourier(F)
ff =
    1/exp(x^2)
```

6.4.2　拉普拉斯变换及其反变换

拉普拉斯变换及其反变换的定义如下。

$$F(s) = \int_0^\infty f(t)\mathrm{e}^{-st}\,\mathrm{d}t$$

$$f(t) = \frac{1}{2\pi\mathrm{j}}\int_{c-\mathrm{j}\infty}^{c+\mathrm{j}\infty} F(s)\mathrm{e}^{st}\,\mathrm{d}s$$

计算拉普拉斯变换及其反变换的函数是 laplace 和 ilaplace，其调用格式如下。

F＝laplace(f,t,s)　求函数 f(t) 的 Laplace 变换 F。其中，返回结果 F 为 s 的函数，当参数 s 省略时，返回结果 F 默认为 s 的函数；当参数 t 省略时，默认自由变量为 t。

f＝ilaplace(F,s,t)　求函数 F(s) 的 Laplace 反变换 f(t)。参数的含义同 laplace 函数。

例 6-41　求 $\sin(at)$ 和阶跃函数的 Laplace 变换。

操作步骤：

```
>>syms a t s;
>>F1=laplace(sin(a*t),t,s)              %求 sin(at) 的 Laplace 变换
F1=
    a/(a^2+s^2)
>>F2=laplace(heaviside(t))              %求阶跃函数的 Laplace 变换
F2 =
     1/s
```

6.4.3　Z 变换及其反变换

一个离散因果序列的 Z 变换及其反变换的定义如下。

$$F(z) = \sum_{n=0}^\infty f(n)z^{-n}$$

$$f(n) = Z^{-1}\{F(z)\}$$

计算 Z 变换及其反变换的符号函数是 ztrans 和 iztrans，该交换函数 ztrans 的调用格式如下。

F＝ztrans(f,k,w)　求时域序列 f 的 Z 变换 F。其中，返回结果 F 以符号变量 w 为自变量；当参数 k 省略时，默认自变量为 n；当参数 w 省略时，返回结果默认为 z 的函数。

Z 变换的反变换函数 iztrans 的调用格式如下。

f＝iztrans(F,w,k)　求时域序列 f 的 Z 变换的反变换函数 F。参数同 ztrans 函数。

例 6-42　求阶跃函数、脉冲函数和 e^{at} 的 Z 变换。

操作步骤：

```
>>syms a n z t
>>Fz1=ztrans(heaviside(t),n,z)        %求阶跃函数的 Z 变换
Fz1 =
      (z*heaviside(t))/(z-1)
>>Fz2=ztrans(dirac(t),n,z)            %求脉冲函数的 Z 变换
Fz2 =
      (z*dirac(t))/(z-1)
>>Fz3=ztrans(exp(-a*t),n,z)
Fz3 =
      z/(exp(a*t)*(z-1))
```

6.5 解符号方程

6.5.1 符号代数方程的求解

代数方程是指未涉及微积分运算的方程,包括整式方程、分式方程、无理方程。MATLAB 用 solve 函数给出一般代数方程和方程组的符号解。solve 函数调用格式如下。

solve('eq','v')   求方程 eq 关于指定变量 v 的解。

solve('eq1','eq2','v1','v2',...)   求方程组 eq1、eq2 关于指定变量 v1、v2 的解。

说明:eq 可以是含等号的符号表达式的方程,也可以是不含等号的符号表达式。但所指的仍是令 eq=0 的方程;当参数 v 省略时,默认为方程中的自由变量;执行结果为结构数组类型。

例 6-43 求 $ax^2+bx+c=0$ 的解。

操作步骤:

```
>>syms a b c x
>>solve(a*x^2+b*x+c,x)        %x 为未知数
ans =
    -(b+(b^2-4*a*c)^(1/2))/(2*a)
    -(b-(b^2-4*a*c)^(1/2))/(2*a)
>>solve(a*x^2+b*x+c,b)        %b 为未知数
ans =
    -(a*x^2+c)/x
```

例 6-44 计算方程 $x^3-2x-5=0$ 在 $[0,3]$ 内的根。

操作步骤:

(1) 选择 File→New→Script 命令,打开 M 文件编辑器,在编辑器窗口中输入下面内容并保存。

```
%文件名为 e6_44
syms x;s=double(solve('x^3-2*x-5=0', 'x'));
```

```
for ii=1:length(s)
    a=isreal(s(ii));
    if a==1
        if s(ii)<=3&s(ii)>=0
            x=s(ii)
        end
    end
end
```

(2) 在命令窗口中运行 M 文件,其结果如下。

```
>>e6_44
x =
    2.0946
```

例 6-45　问 λ 取何值时,齐次线性方程组 $\begin{cases}(1-\lambda)x-2y+4z=0 \\ 2x+(3-\lambda)y+z=0 \\ x+y+(1-\lambda)z=0\end{cases}$ 有非零解?

操作步骤:

```
>>syms λ;
>>A=[1-λ -2 4;2 3-λ 1;1 1 1-λ];
>>solve(det(A),λ)
ans =
    0
    3
    2
```

例 6-46　求解非线性方程组 $\begin{cases}x^2+2x+1=0 \\ x+3z=4 \\ y*z=-1\end{cases}$ 的解。

操作步骤:

```
>>eq1=sym('x^2+2*x+1');
>>eq2=sym('x+3*z=4');
>>eq3=sym('y*z=-1');
>>[x,y,z]=solve(eq1,eq2,eq3)    %解方程组,求得的解按照字母表顺序输出
x =
    -1
y =
    -3/5
z =
    5/3
```

分析:如果最后一句为“S=solve(eq1,eq2,eq3)”,则输出结果为结构类型数据。

```
S=
```

```
X :[1 * 1      sym]
Y :[1 * 1      sym]
Z :[1 * 1      sym]
```

6.5.2 微分方程的求解

微分方程求解是高等数学的基础内容,MATLAB 提供了求解微分方程的函数,可以求符号解和数值解,下面分别加以介绍。

1. 微分方程求符号解

符号微分方程解析解求解函数是 dsolve,其调用格式如下。

dsolve('eq1','eq2',…,'cond1','cond2',…,'v')　求微分方程组 eq1、eq2、…的通解,初值条件为 cond1、cond2、…,变量为 v。

说明:①微分方程中用 D 表示对自变量的导数,如:Dy->y',D2y->y";②如果省略初值条件,则表示求通解;③如果省略自变量,则默认自变量为 t,如:dsolve('Dy=2 * x', 'x')　％$dy/dx=2x$,dsolve('Dy=2 * x')　％$dy/dt=2x$;④若找不到解析解,则返回其积分形式。

例 6-47　求微分方程 $xy'+y-e^x=0$ 在初值条件 $y(1)=2e$ 下的特解。

操作步骤:

```
>>y=dsolve('x * Dy+y-exp(x)=0','y(1)=2 * exp(1)','x')
y =
    (exp(1)+exp(x))/x
```

例 6-48　求微分方程 $y'+2xy=xe^{-x^2}$ 的通解。

操作步骤:

```
>>dsolve('Dy+2 * x * y=x * exp(-x^2)')
ans=
1/(2 * exp(x^2))-C4/(2 * exp(2 * t * x))
```

分析:系统默认的自变量是 t,显然系统将 x 作为常数,将 y 当做 t 的函数求解。如果将 x 当做变量,程序如下。

```
>>dsolve('Dy+2 * x * y=x * exp(-x^2)','x')
ans =
    C6/exp(x^2)+x^2/(2 * exp(x^2))
```

例 6-49　求微分方程组 $\begin{cases} \dfrac{dx}{dt}+5x+y=e^t \\ \dfrac{dy}{dt}-x-3y=0 \end{cases}$ 在初值条件 $\begin{cases} x|_{t=0}=1 \\ y|_{t=0}=0 \end{cases}$ 下的特解,并画出函数图像。

操作步骤：

```
>>[x,y]=dsolve('Dx+5*x+y=exp(t)','Dy-x-3*y=0','x(0)=1','y(0)=0')
x=
exp(t)/(2*(15^(1/2)+2))-(945*exp(t))/(1410*15^(1/2)-5460)+(244*15^(1/2)*
exp(t))/(1410*15^(1/2)-5460)+(2*15^(1/2)*exp(t))/(15*(15^(1/2)+2))+(4*exp
(15^(1/2)*t-t)*(365*15^(1/2)-1415))/(3410*15^(1/2)-13200)-(4*(675*15^(1/
2)-2615))/(exp(t+15^(1/2)*t)*(3410*15^(1/2)-13200))-(15^(1/2)*exp(15^(1/2)*
t-t)*(365*15^(1/2)-1415))/(3410*15^(1/2)-13200)-(15^(1/2)*(675*15^(1/2)-
2615))/(exp(t+15^(1/2)*t)*(3410*15^(1/2)-13200))
y=
(120*exp(t))/(1410*15^(1/2)-5460)-(31*15^(1/2)*exp(t))/(1410*15^(1/2)-
5460)-(15^(1/2)*exp(t))/(30*(15^(1/2)+2))-(exp(15^(1/2)*t-t)*(365*15^(1/
2)-1415))/(3410*15^(1/2)-13200)+(675*15^(1/2)-2615)/(exp(t+15^(1/2)*t)*
(3410*15^(1/2)-13200))
>>ezplot(x,y,[0,1.3])
```

其函数图像如图 6-1 所示。

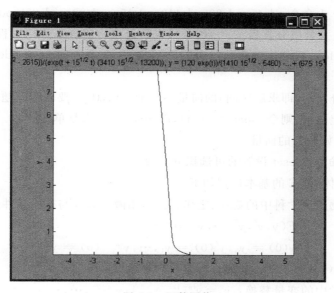

图 6-1 函数图像

分析：解微分方程组时，如果所给的输出个数与方程个数相同，则方程组的解按字母表顺序输出；如果只给一个输出，则输出的是一个包含解的结构类型数据。

如：

```
s=dsolve('Dx+5*x+y=exp(t)','Dy-x-3*y=0','x(0)=1','y(0)=0')
        s=
            x: [1x1 sym]
            y: [1x1 sym]
```

2．符号微分方程的数值解

生产科研中所处理的微分方程一般比较复杂，只有很少一部分微分方程（组）能求出解析解。在实际的初值问题中，一般要求是求在若干点上满足规定精确度的近似值，或得到一个满足精确度要求的便于计算的表达式。因此研究常微分方程的数值解法十分必要。

MATLAB 具有丰富的求解常微分方程数值解的函数，如：ode45、ode23、ode113、ode15s、ode23s、ode23t、ode23tb，统称为 solver，其调用格式如下。

$[T,Y]=solve(odefun,tspan,y0)$　在区间 $tspan=[t0,tf]$ 上，从 $t0$ 到 tf，用初始条件 $y0$ 求解显式微分方程 $y'=f(t,y)$。

$[T,Y]=solve(odefun,tspan,y0,options)$　用参数 options（用命令 odeset 生成的）设置属性（代替了默认的积分参数），再进行操作。常用的属性包括相对误差值 RelTol（默认值为 $1e^{-3}$）与绝对误差向量 AbsTol（默认每一元素为 $1e^{-6}$）。

其中，solver 为命令 ode45、ode23、ode113、ode15s、ode23s、ode23t、ode23tb 之一。

odefun 为显式常微分方程 $y'=f(t,y)$，或为包含一混合矩阵的方程 $M(t,y)*y'=f(t,y)$。命令 ode23 只能求解常数混合矩阵的问题；命令 ode23t 与 ode15s 可以求解奇异矩阵的问题。

tspan　积分区间（即求解区间）的向量 $tspan=[t0,tf]$。要获得问题在其他指定时间点 $t0,t1,t2,\cdots$ 上的解，则令 $tspan=[t0,t1,t2,\cdots,tf]$（要求是单调的）。

y0　包含初始条件的向量。

options 用命令 odeset 设置的可选积分参数。

（1）求解具体 ODE 的基本过程如下。

① 根据问题所属学科中的规律、定律、公式，用微分方程与初始条件进行描述。

$$F(y,y',y'',\cdots,y^{(n)},t)=0$$
$$y(0)=y_0,y'(0)=y_1,\cdots,y^{(n-1)}(0)=y_{n-1}$$

而 $y=[y,y(1),y(2),\cdots,y(m-1)]$，$n$ 与 m 可以不等。

② 运用数学中的变量替换：$y_n=y^{(n-1)}$，$y_{n-1}=y^{(n-2)}$，$\cdots$，$y_2=y_1=y$，将高阶（大于 2 阶）的方程（组）写成一阶微分方程组：

$$y'=\begin{bmatrix}y'_1\\y'_2\\\vdots\\y'_n\end{bmatrix}=\begin{bmatrix}f_1(t,y)\\f_2(t,y)\\\vdots\\f_n(t,y)\end{bmatrix},\quad y_0=\begin{bmatrix}y_1(0)\\y_2(0)\\\vdots\\y_n(0)\end{bmatrix}=\begin{bmatrix}y_0\\y_1\\\vdots\\y_n\end{bmatrix}$$

③ 根据①与②的结果，编写能计算导数的 M 函数文件 odefile。

④ 将文件 odefile 与初始条件传递给求解器 solver 中的一个，运行后就可得到 ODE 的、在指定时间区间上的解列向量 y（其中包含 y 及不同阶的导数）。

（2）求解器 solver 与方程组的关系见表 6-3。

表 6-3　求解器 solver 取值

函数指令		含义	函数		含义
求解器 solver	ode23	普通 2、3 阶法解 ODE	odefile		包含 ODE 的文件
	ode23s	低阶法解刚性 ODE	选项	odeset	创建、更改 solver 选项
	ode23t	解适度刚性 ODE		odeget	读取 solver 的设置值
	ode23tb	低阶法解刚性 ODE	输出	odeplot	ODE 的时间序列图
	ode45	普通 4、5 阶法解 ODE		odephas2	ODE 的二维相平面图
	ode15s	变阶法解刚性 ODE		odephas3	ODE 的三维相立体图
	ode113	普通变阶法解 ODE		odeprint	在命令窗口输出结果

3. solver 求解器求解

因为没有一种算法可以有效地解决所有的 ODE 问题，为此，MATLAB 提供了多种求解器 solver，对于不同的 ODE 问题，采用不同的 solver，各自的特点见表 6-4。

表 6-4　不同求解器 solver 的特点

求解器 solver	ODE 类型	特　点	说　明
ode45	非刚性	一步算法；4、5 阶 Runge-Kutta 方程；累计截断误差达 $(\Delta x)^3$	大部分场合的首选算法
ode23	非刚性	一步算法；2、3 阶 Runge-Kutta 方程；累计截断误差达 $(\Delta x)^3$	用于精度较低的情形
ode113	非刚性	多步算法；Adams 算法；高低精度均可到 $10^{-3} \sim 10^{-6}$	计算时间比 ode45 短
ode23t	适度刚性	采用梯形算法	适度刚性情形
ode15s	刚性	多步算法；Gear's 反向数值微分；精度中等	若 ode45 失效，可尝试使用
ode23s	刚性	一步算法；2 阶 Rosebrock 算法；低精度	当精度较低时，计算时间比 ode15s 短
ode23tb	刚性	梯形算法；低精度	当精度较低时，计算时间比 ode15s 短

在计算过程中，用户可以对求解指令 solver 中的具体执行参数进行设置（如绝对误差、相对误差、步长等），其属性见表 6-5。

表 6-5　solver 中 options 的属性

属性名	取　值	含　义
AbsTol	有效值：正实数或向量 默认值：$1e^{-6}$	绝对误差对应于解向量中的所有元素；向量则分别对应于解向量中的每一分量
RelTol	有效值：正实数 默认值：$1e^{-3}$	相对误差对应于解向量中的所有元素。在每步（第 k 步）计算过程中，误差估计为： $e(k) \leqslant \max(RelTol * abs(y(k)), AbsTol(k))$
NormControl	有效值：on、off 默认值：off	为"on"时，控制解向量范数的相对误差，使每步计算满足： $norm(e) \leqslant \max(RelTol * norm(y), AbsTol)$
Events	有效值：on、off	为"on"时，返回相应的事件记录

属性名	取　　值	含　　义
OutputFcn	有效值：odeplot、odephas2、odephas3、odeprint 默认值：odeplot	若无输出参量，则 solver 将执行下面操作之一：画出解向量中各元素随时间的变化；画出解向量中前两个分量构成的相平面图；画出解向量中前 3 个分量构成的三维相空间图；随计算过程显示解向量
OutputSel	有效值：正整数向量 默认值：[]	若不使用默认设置，则 OutputFcn 所表现的是那些正整数指定的解向量中的分量的曲线或数据。若为默认值，则默认地按上面情形进行操作
Refine	有效值：正整数 k>1 默认值：k = 1	若 k>1，则增加每个积分步中的数据点记录，使解曲线更加的光滑
Jacobian	有效值：on、off 默认值：off	若为"on"，返回相应的 ode 函数的 Jacobi 矩阵
Jpattern	有效值：on、off 默认值：off	为"on"时，返回相应的 ode 函数的稀疏 Jacobi 矩阵
Mass	有效值：none、M、M(t)、M(t,y) 默认值：none	M　不随时间变化的常数矩阵 M(t)　随时间变化的矩阵 M(t,y)　随时间、地点变化的矩阵
MaxStep	有效值：正实数 默认值：tspans/10	最大积分步长

例 6-50　求解描述振荡器的经典的 VerderPol 微分方程，并画出图形。

$$\frac{d^2 y}{dt^2} - \mu(1-y^2)\frac{dy}{dt} + y = 0$$

$$y(0)=1, \quad y'(0)=0, \quad \mu=7$$

令 $x_1 = y, x_2 = dy/dt$，则原方程可化为：

$$dx_1/dt = x_2$$

$$dx_2/dt = \mu(1-x_1^2)x_2 - x_1$$

$$x_1(0)=1, x_2(0)=0, \mu=7$$

操作步骤：

(1) 选择 File→New→Script 命令，打开 M 文件编辑器，在编辑器窗口中输入下面内容并保存。

```
%文件名为 verderpol
function xprime=verderpol(t,x)
global MU
xprime=[x(2);MU * (1-x(1)^2) * x(2)-x(1)];
```

(2) 选择 File→New→Script 命令，打开 M 文件编辑器，在编辑器窗口中输入下面内容并保存。

```
%文件名为 vdp1
clear
global MU
MU=7;Y0=[1;0]
```

```
[t,x]=ode45('verderpol',[0,40],Y0);
plot(t,x(:,1),'r-',t,x(:,2),'b-')
```

（3）在命令窗口中运行 M 文件,其结果如图 6-2 所示。

```
>>vdp1
Y0 =
        1
        0
```

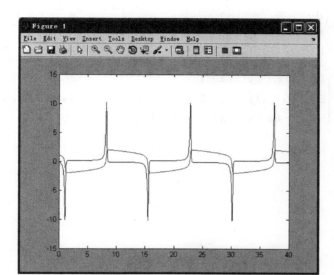

图 6-2 例 6-50 结果

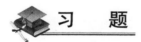 习 题

1. 生成复数 $a+bi$。

2. 求 $\lim\limits_{x\to\infty}\dfrac{\sin x}{x}$,$\lim\limits_{x\to0+}\dfrac{\ln\text{ctg}x}{\ln x}$,$\lim\limits_{x\to0+}x^x$。

3. 设数列 $x_n=\dfrac{1}{1^3}+\dfrac{1}{2^3}+\cdots+\dfrac{1}{n^3}$,计算数列前 30 项的和。

4. 求参数方程 $\begin{cases}x=\mathrm{e}^t\cos t\\y=\mathrm{e}^t\sin t\end{cases}$确定的函数导数。

5. 求由方程 $2x^2-2xy+y^2+x+2y+1=0$ 确定的隐函数的导数。

6. 验证柯西中值定理对于函数 $f(x)=\sin x$ 及 $F(x)=x+\cos x$ 在区间 $\left[0,\dfrac{\pi}{2}\right]$ 上的正确性。

7. 验证罗尔定理对函数 $y=\ln\sin x$ 在区间 $\left[\dfrac{\pi}{6},\dfrac{5\pi}{6}\right]$ 上的正确性。

8. 求 $\displaystyle\int_{-\pi}^{2\pi} e^{2x}\sin^2 2x\, dx$。

9. 设 $f(x)=x^2-3x+4$，由积分中值定理，存在 $\xi\in(2,6)$ 使 $f(\xi)=\dfrac{1}{6-2}\displaystyle\int_2^6 f(x)\,dx$，求 ξ 的近似值。

10. 求微分方程 $y''+3y'+e^x=0$ 的通解。

11. 求微分方程的给定初值问题的解。

$$(1)\begin{cases}(x^2-1)\dfrac{dy}{dx}+2xy-\cos x=0\\[2mm] y\big|_{x=0}=1\end{cases}\qquad (2)\begin{cases}\dfrac{d^2x}{dt^2}+2n\dfrac{dx}{dt}+a^2x=0\\[2mm] x\big|_{t=0}=0,\quad \dfrac{dx}{dt}\Big|_{t=0}=V_0\end{cases}$$

12. λ 为何值时，$\begin{cases}(2-\lambda)x+2y-2z=1\\ 2x+(5-\lambda)y-4z=2\\ -2x-4y+(5-\lambda)z=-\lambda-1\end{cases}$ 有无穷多个解，并求解。

第7章

◆ 实　验

实验1　MATLAB软件初步与入门

实验目的

（1）熟悉MATLAB的开发环境。

（2）熟悉MATLAB的通用参数设置。

（3）熟悉主菜单和工具栏的内容，工作空间窗口、命令历史窗口、当前路径窗口的功能，帮助系统的使用。

实验内容

（1）熟悉MATLAB的开发环境。

（2）利用菜单设置MATLAB的Command Window中字体的大小，并更改输出格式。

（3）在硬盘上新建一个以自己名字命名的文件夹（位置自定），将当前路径修改为此文件夹。

（4）在E:根目录下创建文件夹mypath，用菜单方法和path函数的方法将"E:\mypath"加入搜索路径中，指出两种方法的区别。

（5）计算 $y = 1.3^3 \sin\left(\dfrac{\pi}{3}\right)\sqrt{26}$，实现：①结果用format命令按不同格式输出；②观察在进行上述计算后命令历史窗口的变化，用功能键实现回调刚才的计算语句；③观察工作空间窗口变化，观察窗口中变量的size、class属性和变量图标；④回调计算语句，将sin改为sn运行，观察反馈信息。在回调语句后面加";"看输出有何不同。

实验指导

（1）MATLAB的开发环境主要包括命令窗口、命令历史窗口、当前路径窗口、工作区、程序编辑/调试器和帮助系统。

命令窗口保留了MATLAB传统的交互式操作功能，即在命令窗口中直接输入命令或数学表达式进行计算，系统自动反馈信息或结果。

命令历史（Command History）窗口显示已执行过的命令。

当前路径(Current Directory)窗口提供了当前路径下文件的操作。

工作区(Workspace)接受 MATLAB 命令的内存区域,存储着命令窗口输入的命令和创建的所有变量值。

程序编辑器是 MATLAB 提供的一个内置的具有编辑和调试功能的窗口,编辑器窗口也有菜单栏和工具栏,使编辑和调试程序非常方便。

MATLAB 可用以下几种方法获得帮助:帮助命令、帮助窗口、MATLAB 帮助台、在线帮助页或直接链接到 MathWorks 公司(对于已联网的用户)。

(2) 选择 File→Preference 命令,打开 Preferences 窗口,单击 Command Window 右侧 Numeric Format 下拉菜单即可修改输出格式(short、long、…)。在左侧树形列表中单击 Fonts 按钮,在右侧即可修改字体。

(3) 在硬盘上新建一个以自己名字命名的文件夹(位置自定),单击 Current Directory 右侧的按钮找到此文件夹,确定即可。

(4) 方法一:在 E:根目录下创建文件夹 mypath,选择 File→Set Path 命令,打开 Set path 窗口,单击 Add folder 按钮找到此文件夹单击 Save 按钮即可。

方法二:在命令窗口输入"path('E:\mypath',path)"。

区别:菜单法添加新的搜索路径后,只要不删除便是永久有效的。命令法只在本次软件运行期间有效,重新启动 MATLAB 后无效。

(5) ①

```
>>y=1.3^3 * sin(pi/3) * sqrt(26)
y =
    9.7017
>>format long
>>y=1.3^3 * sin(pi/3) * sqrt(26)
y =
    9.701 689 311 661 140
>>format short e
>>y=1.3^3 * sin(pi/3) * sqrt(26)
y =
    9.7017e+000
>>format bank
>>y=1.3^3 * sin(pi/3) * sqrt(26)
y =
    9.70
>>format hex
>>y=1.3^3 * sin(pi/3) * sqrt(26)
y =
    40236743d24b131f
>>format +
>>y=1.3^3 * sin(pi/3) * sqrt(26)
y =
    +
>>format rat
>>y=1.3^3 * sin(pi/3) * sqrt(26)
```

```
y =
    2862/295
```

② 运行的历史命令都显示在命令历史窗口中。按向上箭头可回调命令。

③

y class:double size:1 * 1。

④

```
>>y=1.3^3 * sn(pi/3) * sqrt(26)
??? Undefined function or method 'sn' for input arguments of type 'double'
```

加上";"后不显示计算结果。

实验 2　MATLAB 语言基础

实验目的

(1) 熟悉常量与变量的相关命令操作。
(2) 熟悉 MATLAB 中的运算符。

实验内容

(1) 定义一个 10 个元素的等差数列 x,第一个元素是 1,第 10 个元素是 20。
① 取出其中的第 2 个元素赋值给 y。
② 将数组 x 的前 3 个元素分别赋值为 4、5、6。
③ 将数组 x 的前 5 个元素倒序后构成一个子数组赋值给 z。
④ 取出 x 中的第 2 个到最后一个元素赋值给 t。
(2) 生成等差数列 $(1,-1,-3,-5,\cdots,-13)$,并计算其元素个数。
(3) 生成类型为字符、单精度、双精度、稀疏矩阵、单元数组、结构数组、函数句柄类型的变量,观察其在工作空间窗口中的图标、size、value、class 等属性的显示。
(4) 利用帮助学习 save、load 命令的用法,将工作区中的变量全都保存在 mydata. mat 中,清空工作区,重新载入变量 x、y、z 查看变量信息,并将它们保存在 mydata1. mat 中。
(5) 打开 Excel,新建一个表 data. xls,填上数据,在 MATLAB 中选择 File→Import wizard 命令,打开数据向导,在 Import 对话框中选择 data. xls,单击"确定"按钮,导入数据。

实验指导

(1)

```
>>x=linspace(1,20,10)
x =
```

```
    Columns 1 through 7
     1.0000     3.1111     5.2222     7.3333     9.4444    11.5556    13.6667
    Columns 8 through 10
    15.7778    17.8889    20.0000
>>y=x(2)
y =
     3.1111
>>x(1:3)=[4,5,6]
x =
    Columns 1 through 7
     4.0000     5.0000     6.0000     7.3333     9.4444    11.5556    13.6667
    Columns 8 through 10
    15.7778    17.8889    20.0000
>>z=x(5:-1:1)
z =
     9.4444     7.3333     6.0000     5.0000     4.0000
>>t=x(2:end)
t =
    Columns 1 through 7
     5.0000     6.0000     7.3333     9.4444    11.5556    13.6667    15.7778
    Columns 8 through 9
    17.8889    20.0000
```

（2）

```
>>s=1:-2:-13
s =
     1    -1    -3    -5    -7    -9   -11   -13
>>length(s)
ans =
     8
```

（3）

```
>>a='matlab'
a =
matlab
>>b=single(1.3)
b =
    1.3000
>>bb=double(1.3)
bb =
    1.3000
>>c=sparse(4)
c =
   (1, 1)          4
>>d={1,'s',3.4}
d=
    [1]    's'    [3.4000]
>>e.name='kate';e.age=18
```

```
e=
    name: 'kate'
     age: 18
>> f=@ cos
f=
    @ cos
```

（4）

```
>> save mydata
>> clear
>> whos
>> load mydata x y z
>> whos
  Name        Size              Bytes  Class       Attributes
  x           1x10                 80  double
  y           1x1                   8  double
  z           1x5                  40  double
```

（5）打开 Excel，新建一个表 data. xls，填上数据，在 MATLAB 中选择 File→Import wizard 命令，打开数据向导，在 Import 对话框中选择 data. xls，单击"确定"按钮，即可导入数据表 Sheet1。

实验 3　M 文件和程序的流程控制语句

⚔ 实验目的

（1）理解命令 M 文件和函数 M 文件的区别。
（2）掌握命令 M 文件和函数 M 文件的创建与运行。
（3）掌握流程控制语句的使用。
（4）程序的调试。

🔨 实验内容

（1）编写一个函数文件 fun. m，用于求 $\sum\limits_{n=1}^{n=10} a^n$，然后在命令文件中给定 a 的值，调用函数 fun。

（2）编写一个函数文件，求小于任意自然数 n 的斐波那契数列各项。Fibonacci 数列定义如下。

$$\begin{cases} f_1 = 1 \\ f_2 = 1 \\ f_n = f_{n-1} + f_{n-2}, \quad n > 2 \end{cases}$$

（3）编制一个解数论问题的函数文件：取任意整数，若是偶数，则除以 2，否则乘 3 加 1，重复此过程，直到整数变为 1。

（4）编写一个函数 M 文件 $[y1, y2] = fun(x1, x2)$，使之可以处理一个或两个输入参数,一个或两个输出参数,且满足以下条件。

当只有一个输入参数 x1 时:如果只有一个输出参数 y1,则 y1=x1;如果有两个输出参数 y1,y2,则 y1=y2=x1/2。

当有两个输入参数 x1,x2 时:如果只有一个输出参数 y1,则 y1=x1+x2;如果有两个输出参数 y1,y2,则 y1=y2=(x1+x2)/2。

(5) A=rand(3,4)<0.7,编程实现查找矩阵 A 的每行中第一个 0 元素所在的列。将结果存放在一个列向量中。

(6)(个人所得税纳税问题)根据《中华人民共和国个人所得税法》规定,公民的工资、薪金所得应该依法缴纳个人所得税。个人所得税计算公式为:在每个人的月收入中超过 1600 元以上的部分应该纳税,这部分收入称为应纳税所得额。应纳税所得额实行分段累积税率,按表 7-1 所示税率表计算。

表 7-1 税率表

级　数	全月应纳税所得额/元	税率/%	级　数	全月应纳税所得额/元	税率/%
1	<500	5	6	40 000~60 000	30
2	500~2000	10	7	60 000~80 000	35
3	2000~5000	15	8	80 000~100 000	40
4	5000~20 000	20	9	>100 000	45
5	20 000~40 000	25			

设月收入为 x 元,应纳税额为 y 元,求:①y 和 x 的函数关系,并编写函数 M 文件实现此函数;②调用函数,求月收入为 6850 元和 12 300 元的应纳税额。

实验指导

(1) 建立函数 M 文件 fun1.m。

选择 File→New→Script 命令,在 M 文件编辑器窗口中输入下面内容并保存。

```
function s=fun1(a)
    s=0;
    for n=1:10
        s=s+a^n;
    end
```

在命令窗口中调用:

```
>>a=3;
>>s=fun(a)
```

(2) 建立函数 M 文件 fib.m。

选择 File→New→Script 命令,在 M 文件编辑器窗口中输入下面内容并保存。

```
function f=fib(n)
if n==1
    f=1;
```

```
end
if n==2
    f(1)=1;
    f(2)=1;
end
if(n>2)
    f(1)=1;
    f(2)=1;
    for i=3:n
        f(i)=f(i-1)+f(i-2);
    end
end
```

在命令窗口中输入：

```
>>fib(30)
```

(3) 建立函数 M 文件 collatz.m。

选择 File→New→Script 命令，在 M 文件编辑器窗口中输入下面内容并保存。

```
function c=collatz(n)
    %collatz
    %Classic "3n+1" Ploblem from
     %number theory
    c=n;
    while n>1
        if rem(n,2)==0   %返回 n/2 的余数
            n=n/2;
        else
            n=3*n+1;
        end
        c=[c n];
    end
```

在命令窗口中输入：

```
>>collatz(30)
>>collatz(51)
```

(4) 选择 File→New→Script 命令，在 M 文件编辑器窗口中输入下面内容并保存。

```
function [y1,y2]=fun2(x1,x2)
  if nargin==1&nargout==1
      y1=x1;
elseif nargin==1&nargout==2
      y1=x1/2;
      y2=y1;
  elseif nargin==2&nargout==1
      y1=x1+x2;
  elseif nargin==2&nargout==2
      y1=(x1+x2)/2;
```

```
        y2=y1;
    end
```

在命令窗口中输入：

```
>> y=fun2(20)
>> [y1,y1]=fun2(20)
>> y=fun2(10,50)
>> [y1,y2]=fun2(10,50)
```

(5) 选择 File→New→Script 命令，在 M 文件编辑器窗口中输入下面内容并保存。

```
%文件名为 exam01
A=rand(3,4)>0.7
 result=zeros(3,1)
        for i=1:3
          for j=1:4
            if A(i,j)==0
              result(i)=j
              break;
            end
          end
        end
 result
```

单击编辑窗口中的运行程序 ▶ 按钮，运行程序。

(6) 当 $x \leqslant 1600$ 时不用缴税，$y=0$。

当 $1600 < x \leqslant 2100$ 时，纳税部分是 $x-1600$，税率是 5%，所以 $y=(x-1600) \times 5\%$。

当 $2100 < x \leqslant 3600$ 时，500 元按 5% 纳税应缴纳 25 元，再多的部分，即 $x-2100$，税率是 10%，所以 $y=25+(x-2100) \times 10\%$，以此类推可得函数关系式见表 7-2。

表 7-2　函数关系式

0	$0 < x \leqslant 1600$	$y=0$
1	$1600 < x \leqslant 2100$	$y=(x-1600) \times 5\%$
2	$2100 < x \leqslant 3600$	$y=25+(x-2100) \times 10\%$
3	$3600 < x \leqslant 6600$	$y=25+150+(x-3600) \times 15\%$
4	$6600 < x \leqslant 21\,600$	$y=175+450(x-6600) \times 20\%$
5	$21\,600 < x \leqslant 41\,600$	$y=625+3000+(x-21\,600) \times 25\%$
6	$41\,600 < x \leqslant 61\,600$	$y=3625+5000+(x-41\,600) \times 30\%$
7	$61\,600 < x \leqslant 81\,600$	$y=8625+6000+(x-61\,600) \times 35\%$
8	$81\,600 < x \leqslant 101\,600$	$y=14\,625+7000+(x-81\,600) \times 40\%$
9	$101\,600 < x$	$y=21\,625+8000+(x-101\,600) \times 45\%$

选择 File→New→Script 命令，在 M 文件编辑器窗口中输入下面内容并保存。

```
function y=tax(x)
%points 为收入分段点，t 为收入分段点应缴纳的税额，rates 为收入段税率
```

```
points=[0,1600,2100,3600,6600,21 600,41 600,61 600,81 600,101 600,inf];
t=[0, 0,25,175,625,3625,8625,14 625,21 625,29 625];
rates=[0,0.05,0.1,0.15,0.2,0.25,0.3,0.35,0.4,0.45];
n=length(points);
p=1; %收入 x 在 points 中的位置
for i=1:n-1
    if x>points(i)&x<=points(i+1)
        p=i;
        break;
    end
end
y=t(p)+(x-points(p))*rates(p);
```

在命令窗口中输入：

```
>>y=tax(6850)
```

实验 4　矩阵的算术运算

实验目的

（1）用命令窗口直接输入法、M 文件创建法、函数创建法和数据文件创建法创建矩阵。

（2）理解并掌握 MATLAB 中创建矩阵应遵循的原则。

（3）掌握矩阵和数组的算术运算（＋、－、＊、/、^、.＊、./、.^）及矩阵运算函数。

实验内容

（1）已知矩阵 $A=\begin{bmatrix} 5 & 3 & 5 \\ 3 & 7 & 4 \\ 7 & 9 & 8 \end{bmatrix}$，$B=\begin{bmatrix} 2 & 4 & 2 \\ 6 & 7 & 9 \\ 8 & 3 & 6 \end{bmatrix}$，$E=[1\ 2\ 3]$，$F=[2\ 4\ 6]$，

① 求 $A+B$，$A-B$，$5A$，A 和 B 的积，A 和 B 的数组积。

② 求 A 的平方，A 中各元素的平方。

③ 求以 2 为底，以 A 中每个元素为指数得出的矩阵。

④ 求 B 的秩、逆，B 对应的行列式的值。

⑤ 判断 $E*F$，$E.\char94 F$，$E\char94 F$ 能成立吗？

⑥ 求 $E./F$，$E.\backslash F$。

⑦ 判断 $2\char94[E\ F]$，$2\char94[E*F]$ 能成立吗？

（2）求下列表达式的值。

① $z=\dfrac{2\sin 85°}{1+e^2}$。

② $z=\dfrac{e^{0.3a}-e^{0.2a}}{2}\times\sin(a+0.3)$，$a=-3.0,-2.9,-2.8,\cdots,2.8,2.9,3.0$。

(3) $A = \begin{bmatrix} 1 & 2 & 3 \\ 2 & 1 & 2 \\ 3 & 3 & 1 \end{bmatrix}$, V 是 A 的特征向量矩阵, D 是 A 的特征值对角阵, 验证 $A^{1.5} = V * D.\wedge * V^{-1}$。

(4) 用 Cramer(克莱姆) 法则求解线性方程组。

$$\begin{cases} 2x_1 + x_2 - 5x_3 + x_4 = 8 \\ x_1 - 3x_2 \qquad\;\; - 6x_4 = 9 \\ \qquad\;\; 2x_2 - x_3 + 2x_4 = -5 \\ x_1 + 4x_2 - 7x_3 + 6x_4 = 0 \end{cases}$$

(5) 有 4 个学生 A,B,C,D 学习 3 门课程 1,2,3, 假设每个学生每门课程进行两次测验一次期末考试, 成绩按 10 分评定, 对 3 次考试的成绩用 3 个矩阵来表示分别为: 第一次测验成绩矩阵 S_1, 第二次测验成绩矩阵 S_2, 期末考试成绩矩阵 S_3, 每个矩阵以 4 名学生为行, 3 门课程为列, 设 $S_1 = \begin{array}{c} \\ A \\ B \\ C \\ D \end{array} \begin{bmatrix} 1门 & 2门 & 3门 \\ 6 & 8 & 9 \\ 8 & 5 & 8 \\ 8 & 7 & 8 \\ 4 & 6 & 6 \end{bmatrix}$, $S_2 = \begin{bmatrix} 5 & 9 & 8 \\ 6 & 7 & 9 \\ 7 & 8 & 8 \\ 5 & 6 & 7 \end{bmatrix}$, $S_3 = \begin{bmatrix} 6 & 7 & 9 \\ 8 & 6 & 9 \\ 8 & 7 & 8 \\ 6 & 5 & 6 \end{bmatrix}$,

3 次考试的权重为 $k = (k_1, k_2, k_3) = (0.2, 0.2, 0.6)$, k_1, k_2, k_3 分别为 S_1、S_2、S_3 的权重, 计算 4 名学生的总成绩矩阵。

实验指导

(1)

```
>>A=[5,3,5;3,7,4;7,9,8];B=[2,4,2;6,7,9;8,3,6];E=[1,2,3];F=[2,4,6];
```

①

```
>>C1=A+B,C2=A-B,C3=5*A,C4=A*B,C5=A.*B
```

②

```
>>C6=A^2,C7=A.^2
```

③

```
>>C8=2.^A
```

④

```
>>C9=rank(B),C10=inv(B),C11=det(B)
```

⑤

E*F, E^F 不能成立

⑥

```
>>C12=E./F,C13=E.\F
```

⑦

2^[E*F]不能成立

(2) ①

```
>>z=2*sin(85/180*pi)/(1+exp(2))
```

②

```
>>a=-3.0:0.1:3.0;
>>z=((exp(0.3*a)-exp(0.2*a))/2).*sin(a+0.3)
```

(3)

```
>>A=[1,2,3;2,1,2;3,3,1]
>>[V,D]=eig(A);
>>A^1.5-V*(D.^1.5)*V^-1
```

(4) Cramer 法则：n 个未知量 n 个方程的线性方程组 $Ax=b$，若 $|A|\ne0$，则方程组有唯一解，$x_j=\dfrac{D_j}{|A|}$，$j=1,2,\cdots,n$。其中 D_j 是以 b 代替 A 中第 j 列得到的行列式。

选择 File→New→Script 命令，在 M 文件编辑器窗口中输入下面内容并保存。

```
%文件名为exam2
A=[2,1,-5,1;1,-3,0,-6;0,2,-1,2;1,4,-7,6]
a=det(A);
if a==0
    disp('error');
else
    b=[8;9;-5;0];
    x=zeros(1,3);
    for i=1:4
        B=A
        B(:,i)=b;
        x(i)=det(B)/a
    end
end
```

单击编辑窗口中的运行程序 ▶ 按钮，运行该程序。

(5)　　　　　　　总成绩 $T=k_1\times S_1+k_2\times S_2+k_3\times S_3$

```
>>s₁=[6,8,9;8,5,8;8,7,8;4,6,6];
>>s₂=[5,9,8;6,7,9;7,8,8;5,6,7];
>>s₃=[6,7,9;8,6,9;8,7,8;6,5,6;];
>>k=[0.2,0.2,0.6];
>>T=k(1)*s1+k(2)*s2+k(3)*s3
T =
```

```
        5.8000    7.6000    8.8000
        7.6000    6.0000    8.8000
        7.8000    7.2000    8.0000
        5.4000    5.4000    6.2000
```

实验 5　矩阵的关系、逻辑运算和矩阵函数

实验目的

(1) 掌握矩阵的关系运算和逻辑运算。

(2) 掌握常用矩阵函数。

实验内容

(1) $a=[5\ 0.2\ 0\ -8\ -0.7]$，在进行逻辑运算时，a 相当于什么逻辑量？

(2) $a=[-1\ 0.5\ 0]$，$b=[-3.4\ 3\ -6]$，求 $a<b$，$a\geqslant b$，$a==b$，$a\approx b$，$a\leqslant 0$。

(3) $A=\begin{bmatrix}-5 & 0 & 1\\ 2.6 & 1 & 2\\ 0 & 8 & 1\end{bmatrix}$，$B=\begin{bmatrix}4 & 2.5 & 0\\ 0 & 6 & 0\\ -1.2 & 0 & 1\end{bmatrix}$，计算 $A\&B$，$A\mid B$，$\sim A$。

(4) 设方阵 $A=\begin{bmatrix}1 & 2 & 3\\ 2 & 1 & 3\\ 3 & 3 & 6\end{bmatrix}$，求一个可逆矩阵 P，使得 $P^{-1}AP$ 为对角阵。

(5) 方阵 $A=\begin{bmatrix}1 & 0\\ 2 & 1\end{bmatrix}$，是否与对角阵相似？

(6) 设方阵 $A=\begin{bmatrix}1 & 2 & 4\\ 2 & -2 & 2\\ 4 & 2 & 1\end{bmatrix}$，求正交阵 C，使得 $B=C^{-1}AC$ 是对角阵。

(7) 向量组 $a_1=(1,1,2,3)$，$a_2=(1,-1,1,1)$，$a_3=(1,3,4,5)$，$a_4=(3,1,5,7)$ 是否线性相关？

实验指导

(1) a 相当于 $[1\ 1\ 0\ 1\ 1]$。

(2)

```
>>a=[-1,0.5,1];b=[-3.4,3,-6];
>>a<b
ans =
     0     1     0
>>a>=b
ans =
     1     0     1
>>a~=b
```

```
ans =
    1    1    1
>>a<=0
ans =
    1    0    0
```

（3）

```
>>A=[-5,0,1;2.6,1,2;0,8,1];B=[4,2.5,0;0,6,0;-1.2,0,1];
>>A&B
ans =
    1    0    0
    0    1    0
    0    0    1
>>A|B
ans =
    1    1    1
    1    1    1
    1    1    1
>>~A
ans =
    0    1    0
    0    0    0
    1    0    0
```

（4）

```
>>A=[1,2,3;2,1,3;3,3,6];
>>[P,D]=eig(A)
P =
    0.7071    0.5774    0.4082
   -0.7071    0.5774    0.4082
         0   -0.5774    0.8165
D =
   -1.0000         0         0
         0   -0.0000         0
         0         0    9.0000
>>inv(P)*A*P
ans =
   -1.0000    0.0000   -0.0000
    0.0000   -0.0000    0.0000
    0.0000         0    9.0000
```

（5）矩阵 A 存在相似对角阵的充要条件是：如果 A 是 n 阶方阵，它必须有 n 个线性无关的特征向量。至于如何看 A 是否存在相似矩阵，只要求出其特征值和特征向量即可看出，公式为 $Ax=\lambda x$。其中，x 为特征向量，λ 为特征值。注意，有可能存在求出的某个 λ 是多重特征值的情况，如 w 重特征值，只要这个 λ 对应有 w 个线性无关的特征向量即不影响相似矩阵的存在。

```
>>A=[1,0;2,1];
```

```
>>[P,D]=eig(A)
P =
                        0      0.0000
                  1.0000    -1.0000
D =
            1     0
            0     1
```

可见 1 是二重特征根,但两个特征向量线性相关(rank(P)＝1),因此矩阵 A 不与对角阵相似。

(6)

```
>>A=[1,2,4;2,-2,2;4,2,1]
>>[C,D]=eig(A)
C =
     0.5963    0.4472    0.6667
     0.2981   -0.8944    0.3333
    -0.7454         0    0.6667
D =
    -3.0000         0         0
          0   -3.0000         0
          0         0    6.0000
>>C*C'    %判断是否为正交阵
ans =
     1.0000   -0.0000   -0.0000
    -0.0000    1.0000   -0.0000
    -0.0000   -0.0000    1.0000
>>C'*A*C
ans =
    -3.0000   -0.0000    0.0000
    -0.0000   -3.0000    0.0000
     0.0000    0.0000    6.0000
```

(7) 向量组线性无关的充要条件是:它的秩等于其中向量的个数。

选择 File→New→Script 命令,在 M 文件编辑器窗口中输入下面内容并保存。

```
%文件名为 exam03
a1=[1,1,2,3];
a2=[1,-1,1,1];
a3=[1,3,4,5];
a4=[3,1,5,7];
A=[a1',a2',a3',a4'];
s=size(A);
if rank(A)==s(2)
    disp('线性无关')
else
    disp('线性相关')
end
```

单击编辑窗口中的运行程序 ▶ 按钮,运行该程序。

实验 6   矩阵的特殊操作

实验目的

(1) 掌握常用特殊矩阵的创建方法。
(2) 掌握矩阵的修改、变形、部分矩阵的抽取方法。

实验内容

(1) 已知矩阵 $A = \begin{bmatrix} 1 & 2 & 3 & 4 \\ 3 & 4 & 5 & 6 \\ 5 & 6 & 7 & 8 \\ 7 & 8 & 9 & 0 \end{bmatrix}$，①提取第 1 行，第 2 列元素；②提取第 3 列元素；

③提取第 1 行到第 3 行中位于第 2 列和最后一列的元素；④求 A 的转置矩阵；⑤将 A 进行左右翻转和上下翻转；⑥将 A 顺时针旋转 $90°$；⑦将 A 变形为 $2*4*2$ 阶的矩阵；⑧取 A 的第 -1 条对角线上面的部分；⑨抽取 A 的主对角线上方第 2 条对角线；⑩生成大小和 A 相等的全 0 阵，全 1 阵；⑪利用 A 和一个 $2*2$ 阶的单位阵生成矩阵

$\begin{bmatrix} 1 & 2 & 3 & 4 & 0 & 0 \\ 3 & 4 & 5 & 6 & 1 & 0 \\ 5 & 6 & 7 & 8 & 0 & 1 \\ 7 & 8 & 9 & 0 & 0 & 0 \end{bmatrix}$；⑫用向量 $1:0.5:8.5$ 替换 A 中的元素，A 的大小不变；⑬删除 A

的第 1 列和第 3 列。

(2) 用取随机数的方法模拟检验：抛一枚硬币 n 次，检验出正面的概率逼近 $1/2$。

实验过程：在区间 $[0,1]$ 上取若干随机数，均乘以 1000 并取整后用偶数表示扔硬币出现正面，奇数表示出现反面，编写程序统计出现正、反面的概率。

(3) 生成 3 阶单位阵，主对角线上元素为 1、2、3 的 3 阶对角阵。

实验指导

(1)

```
>>A=[1,2,3,4;3,4,5,6;5,6,7,8;7,8,9,0];
>>A(1,2)
ans =
     2
>>A(:,3)
ans =
     3
     5
     7
     9
>>A(1:3,[2,end])
ans =
```

```
      2     4
      4     6
      6     8
>>A'
ans =
      1     3     5     7
      2     4     6     8
      3     5     7     9
      4     6     8     0
>>fliplr(A),flipud(A)
ans =
      4     3     2     1
      6     5     4     3
      8     7     6     5
      0     9     8     7
ans =
      7     8     9     0
      5     6     7     8
      3     4     5     6
      1     2     3     4
>>rot90(A,-1)
ans =
      7     5     3     1
      8     6     4     2
      9     7     5     3
      0     8     6     4
>>reshape(A,2,4,2)
ans(:,:,1) =
      1     5     2     6
      3     7     4     8
ans(:,:,2) =
      3     7     4     8
      5     9     6     0
>>triu(A,-1)
ans =
      1     2     3     4
      3     4     5     6
      0     6     7     8
      0     0     9     0
>>diag(A,2)
ans =
      3
      6
>>zeros(size(A));ones(size(A));
>>A(2:3,5:6)=eye(2)
A =
      1     2     3     4     0     0
      3     4     5     6     1     0
      5     6     7     8     0     1
```

```
      7      8      9      0      0      0
>>A=[1,2,3,4;3,4,5,6;5,6,7,8;7,8,9,0];
>>A(:)=1:0.5:8.5
A =
    1.0000     3.0000     5.0000     7.0000
    1.5000     3.5000     5.5000     7.5000
    2.0000     4.0000     6.0000     8.0000
    2.5000     4.5000     6.5000     8.5000
>>A(:,[1,3])=[]
A =
    3.0000     7.0000
    3.5000     7.5000
    4.0000     8.0000
    4.5000     8.5000
```

（2）选择 File→New→Script 命令，在 M 文件编辑器窗口中输入下面内容并保存。

```
n=200;odd=0;even=0;
 for i=1:n
    x=fix(1000 * rand(1));
    if mod(x,2)==0
        even=even+1;
    else
        odd=odd+1;
    end
end
disp('出现正面的概率')
disp(even/n)
disp('出现反面的概率')
disp(odd/n)
```

单击编辑窗口中的运行程序 ▶ 按钮，运行该程序。

（3）选择 File→New→Script 命令，在 M 文件编辑器窗口中输入下面内容并保存。

```
a=eye(3);b=a;
for i=1:3
    b(i,i)=i;
end
b
```

实验 7　二 维 绘 图

实验目的

（1）掌握 plot 函数用法。

（2）掌握条形图绘制方法。

（3）掌握饼图绘制方法。

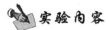 **实验内容**

(1) 分别用 plot、fplot、ezplot 命令绘制函数 $y(x)=x^2\sin(x^2-x-2)$，$-2\leqslant x\leqslant 2$ 的图形。

(2) 绘制下列函数的图像：① $y=1+\ln(x+2)$ 及其反函数；② $y=\sqrt[3]{x^2+1}$ 及其反函数。

(3) 分别以条形图、填充图、阶梯图和脉冲图形式绘制曲线 $y=2e^{-0.5x}([-10,10])$。

(4) 绘制 $y^2=x$，$y=x^2$ 所围成的图形，并求其面积。

实验指导

(1)

```
>>x=-2:0.01:2;
>>plot(x.^2.*sin(x.^2-x-2))
>>fplot('x.^2*sin(x.^2-x-2)',[-2 2])
>>ezplot('x.^2*sin(x.^2-x-2)',-2,2)
```

(2) ① 选择 File→New→Script 命令，在 M 文件编辑器窗口中输入下面内容并保存。

```
syms x;syms y;
y=1+log(x+2);
g=finverse(y);
x=-2:0.001:2;
y=subs(y,x);
plot(x,y)
hold on;
g=subs(g,y);
plot(y,g)
```

单击编辑窗口中的运行程序 ▶ 按钮，运行该程序。

② 选择 File→New→Script 命令，在 M 文件编辑器窗口中输入下面内容并保存。

```
syms x;syms y;
y=(x^2+1)^(1/3);
g=finverse(y);
x=-2:0.001:2;
y=subs(y,x);
plot(x,y)
hold on;
g=subs(g,y);
plot(y,g)
```

单击编辑窗口中的运行程序 ▶ 按钮，运行该程序。

(3) 选择 File→New→Script 命令，在 M 文件编辑器窗口中输入下面内容并保存。

```
x=-10:0.01:10;
y=2*exp(-0.5*x);
```

```
plot(x,y)
figure
subplot(2,2,1);bar(x,y,'g')
subplot(2,2,2);fill(x,y,'r')
subplot(2,2,3);stairs(x,y,'b')
subplot(2,2,4);stem(x,y,'k')
```

单击编辑窗口中的运行程序 ▶ 按钮,运行该程序。

(4) 选择 File→New→Script 命令,在 M 文件编辑器窗口中输入下面内容并保存。

```
syms x;syms y;
f=y^2-x;g=y-x^2;
[x,y]=solve(f,g,x,y);
x=x(1):0.001:x(2);
plot(x,sqrt(x),x,x.^2)
s=int(sqrt(x)-x.^2,x(1),x(2))
```

单击编辑窗口中的运行程序 ▶ 按钮,运行该程序。

实验 8   三 维 绘 图

 实验目的

(1) 掌握生成三维绘图数据的 meshgrid 函数的用法。
(2) 掌握网格图的绘制方法。
(3) 掌握表面图的绘制方法。

实验内容

(1) 绘制三维曲线 $\begin{cases} x(t)=\mathrm{e}^{-0.2t}\cos2t \\ y(t)=\mathrm{e}^{-0.2t}\sin2t \\ z(t)=t \end{cases}$。

(2) 绘制三维曲线 $z=\sin(\pi\sqrt{x^2+y^2})$。

(3) 绘制曲面 $\begin{cases} x=(1+\cos u)\cos v \\ y=(1+\cos u)\sin v \\ z=\sin u \end{cases}$,其中 $u,v\in[0,2\pi]$。

实验指导

(1)

```
>>t=-2*pi:0.01:2*pi;
>>plot3(exp(-0.2*t).*cos(2*t),exp(-0.2*t).*sin(2*t),t)
```

(2) 选择 File→New→Script 命令,在 M 文件编辑器窗口中输入下面内容并保存。

```
x=-1:0.01:1;
```

```
y=x;
z=sin(pi*sqrt(x.^2+y.^2));
plot3(x,y,z)
%三维网格
x=-1:0.01:1;y=x;
[x,y]=meshgrid(x,y);
z=sin(pi*sqrt(x.^2+y.^2));
mesh(x,y,z)
%三维网面
x=-1:0.01:1;
y=x;
[x,y]=meshgrid(x,y);
z=sin(pi*sqrt(x.^2+y.^2));
surf(x,y,z)
```

单击编辑窗口中的运行程序▶按钮,运行该程序。

(3) 选择 File→New→Script 命令,在 M 文件编辑器窗口中输入下面内容并保存。

```
u=0:0.01:2*pi;
v=0:0.01:2*pi;
x=(1+cos(u)).*cos(v);
y=(1+cos(u)).*sin(v);
z=sin(u);
plot3(x,y,z)
```

单击编辑窗口中的运行程序▶按钮,运行该程序。

实验 9　高级图形处理

实验目的

(1) 掌握图形属性的设置。

(2) 掌握图形的控制与表现命令。

实验内容

(1) 利用曲线对象绘制正弦、余弦曲线,并利用文字对象完成标注。

(2) 在同一个图形窗口以不同的坐标轴分别绘制正弦曲线和余弦曲线,并对曲线进行注释。

实验指导

(1) 选择 File→New→Script 命令,在 M 文件编辑器窗口中输入下面内容并保存。

```
x=-2*pi:.1:2*pi;y=sin(x);
    axes('GridLineStyle','-.','XLim',[-2*pi,2*pi],'YLim',[-1,1]);
    h=line(x,y,'LineStyle',':','Color','g');
    xlabel('-\pi \leq \Theta \leq \pi')
```

```
ylabel('sin(\Theta)')
title('Plot of sin(\Theta)')
text(-pi/4,sin(-pi/4),'\leftarrow sin(-\pi\div4)','FontSize',12)
```

单击编辑窗口中的运行程序 ▶ 按钮,运行该程序。

(2) 选择 File→New→Script 命令,在 M 文件编辑器窗口中输入下面内容并保存。

```
x=-2*pi:pi/10:2*pi;y1=sin(x);y2=cos(x);
figure;                                    %新建图形窗口
Ha1=axes('Position',[.05 .05 .5 .5]);      %设置坐标轴的位置
H1=plot(x,y1);set(H1,'LineWidth',2);       %绘制图形并设置线的宽度
title('\bfplot of sin \itx');              %添加标题
xlabel('\bf \itx');ylabel('\bfsin \itx');  %x轴添加标注,y轴添加标注
axis([-8 8 -1 1]);                         %设置坐标轴的大小
Ha2=axes('Position',[.45 .45 .5 .5]);      %设置坐标轴的位置
H2=plot(x,y1);
set(H2,'LineWidth',2,'Color','r','LineStyle','--');
                                           %设置所绘图形的线的宽度和颜色
title('\bfplot of cos \itx');xlabel('\bf\itx');ylabel('\bfsin\itx');
axis([-8 8 -1 1]);axes(Ha1);
text(-pi,0.0,'sin(x)\rightarrow','horizontalalignment','right');
                                           %添加注释文本
axes(Ha2);
```

实验 10　多项式运算

实验目的

(1) 掌握多项式的创建和运算方法。
(2) 利用 MATLAB 求解有关多项式的实际问题。

实验内容

(1) 已知多项式的根为 1、2、3,求多项式,并表示为符号表达式形式。

(2) 已知多项式的根为 1+i、1-i、0.5,求多项式。

(3) 求 $x^3+4x^2-17x-60=0$ 的根。

(4) 求矩阵 $A=\begin{bmatrix}1&2&0\\1&4&5\\5&2&4\end{bmatrix}$ 的特征多项式。

(5) 求多项式 $2x^4+4x^2-5x$ 在 1、2、3、4 处的值,对于矩阵 $\begin{bmatrix}1&2\\3&4\end{bmatrix}$ 的值,以及在矩阵 $\begin{bmatrix}1&2\\3&4\end{bmatrix}$ 中各点处的值。

(6) 已知矩阵 $A=\begin{bmatrix} 1 & 2 & 0 \\ -1 & 3 & -3 \\ 5 & 2 & 4 \end{bmatrix}$，验证 Cayley-Hamilton 定理。

注意：Cayley-Hamilton 定理即方阵 A 的特征多项式是 A 的零化多项式。

(7) 展开多项式 $(3x^2+x+1)(x^2-1)$。

(8) 求多项式 $3x^5+x^4-3x^3+2x+1$ 除以 x^2+1 后的商和余数。

(9) 验证拉格朗日定理对函数 $y=4x^3-5x^2+x-2$ 在区间 $[0,1]$ 上的正确性。

(10) 画图观察下面 3 个极限，进一步理解振荡间断点、跳跃间断点的概念及无穷大量与无界量之间的关系。

① $\lim\limits_{x\to 0}\cos\dfrac{1}{x}$；　　② $f(x)=\begin{cases}\dfrac{x^2-1}{x-1}, & x<1 \\ \dfrac{1}{x}, & x>1\end{cases}$　$\lim\limits_{x\to 1}f(x)$；　　③ $\lim\limits_{x\to 0}\dfrac{1}{x}\sin\dfrac{1}{x}$

实验指导

(1)

```
>>p=poly([1,2,3])
p =
    1    -6    11    -6
>>poly2sym(p)
ans=
x^3-6*x^2+11*x-6
```

(2)

```
>>r=[1+i,1-i,0.5];
>>p=poly(r)
p =
    1.0000   -2.5000    3.0000   -1.0000
>>p=real(p)
p =
    1.0000   -2.5000    3.0000   -1.0000
>>poly2sym(p)
ans =
x^3-5/2*x^2+3*x-1
```

(3)

```
>>p=[1,4,-17,-60]
p =
    1     4    -17    -60
>>roots(p)
ans =
    4.0000
   -5.0000
   -3.0000
```

（4）

```
>>A=[1,2,0;1,4,5;5,2,4];
>>p=poly(A)
p =
     1.0000   -9.0000   12.0000   -48.0000
>>poly2sym(p)
ans =
x^3-9*x^2+12*x-48
```

（5）

```
>>p=[2,0,4,-5,0]
p =
     2    0    4    -5    0
>>y1=polyval(p,[1,2,3,4])
y1 =
     1    38   183   556
>>y2=polyvalm(p,[1,2;3,4])
y2 =
     421        610
     915       1336
>>y3=polyval(p,[1,2;3,4])
y3 =
     1    38
     183   556
```

（6）

```
>>A=[1,2,0;-1,3,-3;5,2,4]
A =
     1    2    0
    -1    3   -3
     5    2    4
>>p=poly(A)
p =
     1.0000   -8.0000   27.0000   4.0000
>>polyvalm(p,A)
ans =
  1.0e-013 *
  -0.2220   -0.2665   -0.0711
  -0.0711   -0.5418    0.3197
  -0.5684   -0.1421   -0.6839
```

（7）

```
>>a=[3,1,1];b=[1,0,-1];
>>s=conv(a,b)
s =
     3    1    -2    -1    -1
>>poly2sym(s)
```

```
ans =
3*x^4+x^3-2*x^2-x-1
```

（8）

```
>>c=[3,1,-3,0,2,1];a=[1,0,1];
>>[b,r]=deconv(c,a)
b =
     3     1    -6    -1
r =
     0     0     0     0     8     2
>>poly2sym(b)
ans =
3*x^3+x^2-6*x-1
>>poly2sym(r)
ans =
8*x+2
```

（9）选择 File→New→Script 命令，在 M 文件编辑器窗口中输入下面内容并保存。

```
%如果 y 满足拉格朗日定理,则存在 r 属于[0, 1],使得 y'(r)=y(1)-y(0)/(1-0)
p=[4,-5,1,-2]
a=polyval(p,1)-polyval(p,0)
p1=polyder(p)
p1(end)=p1(end)-a
r=roots(p1)
```

单击编辑窗口中的运行程序▶按钮,运行该程序。

（10）选择 File→New→Script 命令，在 M 文件编辑器窗口中输入下面内容并保存。

```
format long
 x1=0.001:-0.00002:0.00001;
 y1=cos(1./x1);
 lx=-x1;
 ly=cos(1./lx);
 plot(x1,y1,lx,ly)
 x2=2:-0.0001:1.0001;
 y2=1./x2;
kx=0:0.0001:0.9999;
ky=(kx.^2-1)./(kx-1);
figure,plot(x2,y2,kx,ky)
x3=0.0001:0.0001:0.05;
y3=(1./x3).*sin(1./x3);
figure,plot(x3,y3)
```

单击编辑窗口中的运行程序▶按钮,运行该程序。

实验 11　线性方程组的解法

 实验目的

掌握线性方程组的解法。

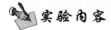 实验内容

(1) 求非齐次方程组 $\begin{bmatrix} 2 & 9 & 0 \\ 3 & 4 & 11 \\ 2 & 2 & 6 \end{bmatrix} x = \begin{bmatrix} 13 \\ 6 \\ 6 \end{bmatrix}$ 的特解。

(2) 求欠定方程组 $\begin{bmatrix} 2 & 4 & 7 & 4 \\ 9 & 3 & 5 & 6 \end{bmatrix} x = \begin{bmatrix} 8 \\ 5 \end{bmatrix}$ 的最小范数解。

(3) 求方程组 $\begin{cases} x_1 - 3x_2 - x_3 + x_4 = 1 \\ 3x_1 - x_2 - 3x_3 + 4x_4 = 4 \\ x_1 + 5x_2 - 9x_3 - 8x_4 = 6 \end{cases}$ 的通解。

(4) 有一组测量数据见表 7-3。

表 7-3 测量数据

x	1.0	1.5	2.0	2.5	3.0	3.5	4.0	4.5	5.0
y	−1.4	2.7	3.0	5.9	8.4	12.2	16.6	18.8	26.2

假设已知该数据具有 $y = c_1 + c_1 x^2$ 的变化趋势,试求出满足此数据的最小二乘解。

(5) 向量 $\beta = (2, -1, 3, 4)$ 是否可以由向量 $\alpha_1 = (1, 2, -3, 1)$,$\alpha_2 = (5, -5, 12, 11)$,$\alpha_3 = (1, -3, 6, 3)$ 线性表示?

(6) 一家开办 3 个炼油厂的公司,每个炼油厂生产 3 种石油产品:燃料油、柴油和汽油。设从 1 桶原油中生产的石油产品的数量可用矩阵 A 表示,假设目前公司需要 9600 加仑燃料油、12 800 加仑柴油和 16 000 加仑汽油,求每个炼油厂需要的石油桶数。为上述问题建立数学模型并求解。

$$A = \begin{matrix} \text{燃料油} \\ \text{柴油} \\ \text{汽油} \end{matrix} \begin{bmatrix} 1\,\text{厂} & 2\,\text{厂} & 3\,\text{厂} \\ 16 & 8 & 8 \\ 8 & 20 & 8 \\ 4 & 10 & 20 \end{bmatrix}$$

实验指导

(1) 选择 File→New→Script 命令,在 M 文件编辑器窗口中输入下面内容并保存。

```
A=[2, 9, 0;3, 4, 11;2, 2, 6];b=[13;6;6];
if rank(A)<rank([A, b])
        disp('no solution')
        else x=A\b
end
```

单击编辑窗口中的运行程序 ▶ 按钮,运行该程序。

(2)

```
>>A=[2, 4, 7, 4;9, 3, 5, 6];b=[8;5];
>>x=A\b
```

（3）选择 File→New→Script 命令，在 M 文件编辑器窗口中输入下面内容并保存。

```
clear all
A=[1,-3,-1,1;3,-1,-3,4;1,5,-9,-8];
b=[1,4,6]';                    %输入矩阵 A, b
[m,n]=size(A);
R=rank(A);
B=[A b];
Rr=rank(B);
%format rat
if R==Rr&R==n                  %n 为未知数的个数，判断是否有唯一解
x=A\b;
elseif R==Rr&R<n               %判断是否有无穷解
x=A\b                          %求特解
%求 Ax=0 的基础解系，所得 C 为 n-R 列矩阵，这 n-R 列即为对应的基础解系
C=null(A)
syms k
[m,n]=size(C);
for i=1:n
    X=x+k*C(:,i)               %构成通解
end                            %方程组通解 x=k(p)*C(:,P)(p=1,…,n-R)
else x='Nosolution'            %判断是否无解
end
```

单击编辑窗口中的运行程序▶按钮，运行该程序。

（4）选择 File→New→Script 命令，在 M 文件编辑器窗口中输入下面内容并保存。

```
x=[1.0,1.5,2.0,2.5,3.0,3.5,4.0,4.5,5.0]'
y=[-1.4,2.7,3.0,5.9,8.4,12.2,16.6,18.8,26.2]'
e=[ones(size(x)),x.^2]
c=e\y                          %解超定方程组，求 c=[c1, c2]'
x2=[0:0.1:5]';
y2=[ones(size(x2)),x2.^2]*c;
figure
plot(x2,y2,'k',x,y,'r*')       %用红色"*"表示原始数据点，黑色实线表示拟合曲线
```

单击编辑窗口中的运行程序▶按钮，运行该程序。

（5）选择 File→New→Script 命令，在 M 文件编辑器窗口中输入下面内容并保存。

```
clear
a1=[1,2,-3,1];a2=[5,-5,12,11];
a3=[1,-3,6,3];b=[2,-1,3,4]';
A=[a1',a2',a3']
[m,n]=size(A);
R=rank(A)
B=[A b];
Rr=rank(B)
%format rat
if R==Rr                       %判断是否有解
    x=A\b;
```

```
else disp('不能表示')        %判断是否无解
end
```

单击编辑窗口中的运行程序 ▶ 按钮,运行该程序。

(6)数学模型如下。

$$16x + 8y + 8z = 9600$$
$$8x + 20y + 8z = 12\ 800$$
$$4x + 10y + 20z = 16\ 000$$

求出此方程组的解即可。

实验 12   插值和拟合

实验目的

(1)掌握微分、差分和梯度的函数运用(diff、gradient)。

(2)通过插值函数的使用掌握插值的求解方法和含义。

实验内容

(1)生成一个 $3 \times 3 \times 2$ 阶的随机阵,并计算其 5 阶差分。

(2)有一正弦衰减函数 $y = \sin x . * \exp(-x/10)$,其中 $x = 0 : \text{pi}/5 : 4 * \text{pi}$,用三次样条法进行插值。

(3)在 $1 \sim 12$ 的 11 个小时内,每隔 1 小时测量一次温度,测得的温度依次为 5、8、9、15、25、29、31、30、22、25、27、24。试估计每隔 $1/10$ 小时的温度值。

(4)例:测得平板表面 $3 * 5$ 网格点处的温度分别如下。

$$
\begin{array}{ccccc}
82 & 81 & 80 & 82 & 84 \\
79 & 63 & 61 & 65 & 81 \\
84 & 84 & 82 & 85 & 86
\end{array}
$$

试画出平板表面的温度分布曲面 $z = f(x, y)$ 的图形。

① 先在三维坐标画出原始数据,画出粗糙的温度分布曲图。

② 以平滑数据在 x, y 方向上每隔 0.2 个单位的地方进行插值。

(5)用两种方法对表 7-4 所示一组数据作二次多项式拟合。

表 7-4   实验数据

x_i	0.1	0.2	0.3	0.4	0.5	0.6	0.7	0.8	0.9	1
y_i	1.987	3.28	6.16	7.08	7.34	7.66	9.58	9.48	9.30	11.2

(6)用给定的多项式,如 $y = x^3 - 6x^2 + 5x - 3$,产生一组数据 (x_i, y_i),$(i = 1, 2, \cdots, n)$,再在 y_i 上添加随机干扰(可用 rand 产生 $(0, 1)$ 均匀分布随机数,或用 rands 产生 $N(0, 1)$ 分布随机数),然用 x_i 和添加了随机干扰的 y_i 作 3 次多项式拟合,与原系数比较。如果作 2 或 4 次多项式拟合,结果如何?

实验指导

（1）

```
>>A=rand(3,3,2)
A(:,:,1) =
    0.8147    0.9134    0.2785
    0.9058    0.6324    0.5469
    0.1270    0.0975    0.9575
A(:,:,2) =
    0.9649    0.9572    0.1419
    0.1576    0.4854    0.4218
    0.9706    0.8003    0.9157
>>diff(A,5)
ans =
    0.4810
```

（2）生成 x_0, y_0 和插值点 x，用 spline 插值。

```
>>x0=0 :pi/5 :4 * pi;
>>y0=sin(x0) . * exp(-x0/10);
    >>x=0:pi/10:4 * pi;
    >>y=spline(x0,y0,x)
```

（3）选择 File→New→Script 命令，在 M 文件编辑器窗口中输入下面内容并保存。

```
clear
hours=1:12;
temps= [5 8 9 15 25 29 31 30 22 25 27 24];
h=1:0.1:12;
method={'nearest','linear','spline','cubic'}    %将插值方法定义成单元数组
lable={'(a)method=nearest','(b)method= linear','(c)method= spline','(b)method=
cubic'};
for i=1:4
    t=interp1(hours,temps,h,method{i});
    %在一个图形窗口中绘制 4 幅图形
    subplot(2,2,i),plot(hours,temps,'ro',h,t,'b'),xlabel(lable{i})
end
```

单击编辑窗口中的运行程序▶按钮，运行该程序。

（4）选择 File→New→Script 命令，在 M 文件编辑器窗口中输入下面内容并保存。

```
x=1:5;
y=1:3;
temps= [82 81 80 82 84;79 63 61 65 81;84 84 82 85 86];
mesh(x,y,temps)
xi=1:0.2:5;
yi=1:0.2:3;
zi=interp2(x,y,temps,xi',yi,'cubic');
figure(2)
```

```
mesh(xi,yi,zi)
```

单击编辑窗口中的运行程序▶按钮,运行该程序。

(5) ① 选择 File→New→Script 命令,在 M 文件编辑器窗口中输入下面内容并保存。

```
x=0.1:0.1:1
y=[1.978 3.28 6.16 7.08 7.34 7.66 9.56 9.48 9.30 11.2];
R=[(x.^2)' x' ones(10,1)];
a=R\y'
x2=(0.1:0.05:1)';
y2=[x2.^2,x2,ones(size(x2))]*a;
plot(x,y,'r * ',x2,y2)
```

单击编辑窗口中的运行程序▶按钮,运行该程序。

② 选择 File→New→Script 命令,在 M 文件编辑器窗口中输入下面内容并保存。

```
x=0.1:0.1:1;
y=[ 1.978 3.28 6.16 7.08 7.34 7.66 9.56 9.48 9.30 11.2];
a=polyfit(x,y,2)
z=polyval(a,x);
plot(x,y,'k+',x,z,'r')
```

单击编辑窗口中的运行程序▶按钮,运行该程序。

(6) 选择 File→New→Script 命令,在 M 文件编辑器窗口中输入下面内容并保存。

```
p=[1,-6,5,-3], x=1:0.2:8;
y=polyval(p,x);
y=y+rand(size(y));
p1=polyfit(x,y,3), p2=polyfit(x,y,2), p3=polyfit(x,y,4)
x1=1:0.1:8;
plot(x1,polyval(p,x1),x1,polyval(p1,x1)),title('三次多项式')
figure,plot(x1,polyval(p,x1),x1,polyval(p2,x1)),title('二次多项式')
figure,plot(x1,polyval(p,x1),x1,polyval(p3,x1)),title('四次多项式')
```

单击编辑窗口中的运行程序▶按钮,运行该程序。

实验 13 符号的表示和运算

✐ 实验目的

(1) 掌握符号对象的创建方法。

(2) 会用 MATLAB 进行符号表达式的化简替换。

✐ 实验内容

(1) 根据运行结果分析下面 3 种表示方法有什么不同的含义。

① $f = 3 * x^2 + 5 * x + 2$

② $f = '3 * x^2 + 5 * x + 2'$

③ $\begin{cases} x = \text{sym}('x') \\ f = 3*x^2 + 5*x + 2 \end{cases}$

(2) 求矩阵 $A = \begin{cases} a_{11} & a_{12} & a_{13} \\ a_{21} & a_{22} & a_{23} \\ a_{31} & a_{32} & a_{33} \end{cases}$ 的行列式的值、逆和特征值。

(3) 因式分解 $x^4 - 5x^3 + 5x^2 + 5x - 6$。

(4) 合并 $(x+1)^3 + (x-1)^2 + 5x - 6$ 的同类项。

(5) 求 $(x+1)^6$ 的展开式。

(6) 求 $f(x,y) = \dfrac{1}{x^3 - 1} + \dfrac{1}{x^2 + y + 1} + \dfrac{1}{x + y + 1} + 8$ 的分子、分母。

实验指导

(1) ①

```
>>f=3*x^2+5*x+2
```

表示在给定 x 时,将 $3*x^2 + 5*x + 2$ 的数值运算结果赋值给变量 f;如果没有给定 x,则指示错误信息。

②

```
>>f='3*x^2+5*x+2'
```

表示将字符串'$3*x^2+5*x+2$'赋值给字符变量 f,没有任何计算含义,因此也不对字符串中的内容作任何分析。

③

```
>>x=sym('x')
>>f=3*x^2+5*x+2
```

表示 x 是一个符号变量,$f = 3*x^2 + 5*x + 2$ 就具有符号函数的意义,f 也自然成为符号变量了。

(2)

```
>>syms x;
>>syms y;
>>f=x^2+exp(x+y)-y*log(x)-3;
>>subs(f,{x,y},{2,4})
```

(3)

```
>>syms x;
>>f=x^4-5*x^3+5*x^2+5*x-6;
>>factor(f)
>>horner(f)
```

(4)

```
>>syms x;
>>f=(x+1)^3+(x-1)^2+5*x-6
>>collect(f,x)
```

(5)

```
>>syms x;
>>expand((x+1)^6)
```

(6)

```
>>syms('x','y');
>>[n,d]=numden(1/(x^3-1)+1/(x^2+y+1)+1/(x+y+1)+8)
```

实验 14   极限和微积分

 实验目的

(1) 掌握符号表达式的微积分运算。

(2) 掌握符号代数方程组的解法和符号微分方程的求解方法。

实验内容

(1) 求下列极限。

① $\lim\limits_{x\to\frac{\pi}{2}}\dfrac{\ln\sin x}{(\pi-2x)^2}$

② $\lim\limits_{x\to\infty}\left(\dfrac{5x^2}{1-x^2}+2^{\frac{1}{x}}\right)$

(2) 求下列函数的导数。

① $f(t)=\dfrac{1-\sqrt{t}}{1+\sqrt{t}}$，求 $f'(4)$。

② $y=\mathrm{e}^x\cos x$，求 $y^{(4)}$。

③ $f=\begin{bmatrix} a & x^2 & \dfrac{1}{x} \\ \mathrm{e}^{ax} & \log x & \sin x \end{bmatrix}$，用符号微分求 $\mathrm{d}f/\mathrm{d}x$。

(3) 求下列不定积分。

① $\displaystyle\int\dfrac{\sin 2x\,\mathrm{d}x}{\sqrt{1+\sin^2 x}}$

② $\displaystyle\int\dfrac{\mathrm{d}x}{\sqrt{x^2+5}}$

(4) 求下列定积分。

① $\displaystyle\int_0^{\pi}\sqrt{\sin^3 x-\sin^5 x}\,\mathrm{d}x$

②$\displaystyle\int_0^1 e^{\frac{x^2}{2}}\,dx$

实验指导

(1) ①

```
>> x=sym('x');
>> limit(ln(sin(x))/((pi-2*x)^2),x,pi/2)
```

②

```
>> x=sym('x');
>> limit(((5*x^2)/(1-x^2)+2^(1/x)),x,inf);
```

(2) ①

```
>> t=sym('t');
>> subs(diff((1-sqrt(t))/(1+sqrt(t))),4)
```

②

```
>> syms x;
>> dy_dx=diff(exp(x)*cos(x),x,4)
```

③

```
>> syms a x;
>> f=[a,x^2,1/x; exp(a*x),log(x),sin(x)];
>> df=diff(f)
```

(3) ①

```
>> syms x;
>> int(sin(2*x)/sqrt(1+sin(x)^2),x)
```

②

```
>> syms x;
>> int(1/sqrt(x^2+5),x)
```

(4) ①

```
>> syms x;
>> int(sqrt(sin(x)^3-sin(x)^5),0,pi )
```

②

```
>> syms x;
>> int(exp(x*x/2),0,1 )
```

实验 15　方程的求解

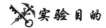**实验目的**

掌握符号代数方程组的解法和符号微分方程的求解方法。

实验内容

（1）解下列代数方程。

① $x2^x-1=0$

② $x=3\sin x+1$

（2）解下列线性方程组。

① $\begin{cases} x_1-x_2+x_3-x_4=1 \\ x_1-x_2-x_3+x_4=1 \\ x_1-x_2-2x_3+2x_4=-\dfrac{1}{2} \end{cases}$

② $\begin{cases} x_1-x_2+4x_3-2x_4=0 \\ x_1-x_2-x_3+2x_4=0 \\ 3x_1+x_2+7x_3-2x_4=0 \\ x_1-3x_2-12x_3+6x_4=0 \end{cases}$

（3）求下列微分方程的通解。

① $y''+3y'+e^x=0$

② $y''-e^{2y}y'=0$

（4）求微分方程的给定初值问题的解。

① $\begin{cases} x^2+2xy-y^2+(y^2+2xy-x^2)\dfrac{\mathrm{d}y}{\mathrm{d}x}=0 \\ y\big|_{x=1}=1 \end{cases}$

② $\begin{cases} \dfrac{\mathrm{d}^2x}{\mathrm{d}t^2}+2n\dfrac{\mathrm{d}x}{\mathrm{d}t}+a^2x=0 \\ x\big|_{t=0}=x_0,\ \dfrac{\mathrm{d}x}{\mathrm{d}t}\Big|_{t=0}=V_0 \end{cases}$

实验指导

（1）①

```
>>syms x
>>solve(x*2^x-1)
```

②

```
>>syms x
>>solve(x-3*sin(x)-1)
```

（2）① 选择 File→New→Script 命令，在 M 文件编辑器窗口中输入下面内容并保存。

```
A=sym([1 -1 1 -1;1 -1 -1 1;1 -1 -2 2]);
b=sym([1;0;-1/2]);
X=A\b   %求一个特解：最少非零元素的最小二乘解
syms k;
null_A=null(A)
[m n]=size(null(A));
for ii=1:n
   Xx=X+k*null_A(:,ii)   %构成通解
end
```

单击编辑窗口中的运行程序▶按钮，运行该程序。

② 选择 File→New→Script 命令，在 M 文件编辑器窗口中输入下面内容并保存。

```
x=sym('x');
y=sym('y');
z=sym('z');
r=sym('r');
s=solve('x-y+4*z-2*r','x-y-z+2*r','3*x+y+7*z-2*r','x-3*y-12*z+6*r');
s.x
s.y
s.z
s.r
```

单击编辑窗口中的运行程序▶按钮，运行该程序。

（3）①

```
>>dsolve('D2y+3*Dy+exp(x)=0','x')
```

②

```
>>dsolve('D2y-exp(2*y)*Dy=0','x')
```

（4）①

```
>>dsolve('x^2+2*x*y-y^2+(y^2+2*x*y-x^2)*Dy=0','y(1)=1','x')
```

②

```
>>syms n;
>>syms V0
>>dsolve('D2x+2*n*Dx+a^2*x=0','x(0)=x0','Dx(0)=V0','t')
```

实验 16　观察 Taylor 展开式与原函数的逼近

⚔实验目的

通过实验理解泰勒公式及其逼近的思想。